Madeleine Geiger, Claudia Kistler,
Katja Rauchenstein, Anouk-Lisa Taucher

Der Dachs

Haupt
NATUR

Madeleine Geiger
Claudia Kistler
Katja Rauchenstein
Anouk-Lisa Taucher

Der Dachs

Ein Wildtier erobert den Siedlungsraum

Haupt Verlag

Inhaltsverzeichnis

Prolog

Von allen Wildtieren, die unsere heimischen Wälder bevölkern, ist der Dachs wohl eines der paradoxesten Geschöpfe. Einerseits ist er eine Berühmtheit: Als «Meister Grimbart» ist er fest in unserer Fabelwelt verankert, und sein unverwechselbares Erscheinungsbild – der gedrungene, silbrig-graue Körper und die markante schwarz-weiße Gesichtsmaske – macht ihn eigentlich unverwechselbar. Doch bleibt er andererseits für die meisten Menschen ein Phantom. Dass wir so wenig über diesen größten Vertreter der Marderartigen in Mitteleuropa wissen, liegt vor allem an seiner konsequenten Heimlichkeit.

Der Dachs führt ein Doppelleben im Verborgenen. Seine Tage verbringt er unter der Erde, in komplexen, oft über Generationen oder gar Jahrhunderte erweiterten Bausystemen, die mit zahlreichen Kesseln und Röhren tief in den Boden gegraben sind. Erst wenn die Dämmerung hereinbricht oder die Nacht angebrochen ist, wagt er sich an die Oberfläche. Diese nächtliche und unterirdische Lebensweise macht zufällige Begegnungen äußerst selten und verleiht ihm eine Aura des Mysteriösen.

Doch genau diese verborgene Lebensweise, gepaart mit einer erstaunlichen biologischen Komplexität macht es so faszinierend, den Dachs zu erforschen. Er entzieht sich einfachen Kategorisierungen. Während er zoologisch den Raubtieren zugeordnet wird, zeigt sein Gebiss mit den großen Kauflächen der Backenzähne, dass er ein echter Allesfresser ist. Sein Speisezettel ist ein Spiegelbild der lokalen Verfügbarkeit: Er reicht von Regenwürmern und Insekten über Mais und Obst bis hin zu Kleinsäugern. Diese Anpassungsfähigkeit erlaubt es ihm, unterschiedlichste Lebensräume zu besiedeln, von dichten Wäldern bis hin zu städtischen Randgebieten.

Besonders spannend für uns Wissenschaftler ist jedoch seine soziale Flexibilität. Der Dachs passt sein Zusammenleben den Umweltbedingungen an: In nahrungsarmen Gebieten oder dort, wo die Populationsdichte gering ist – wie oft in der Schweiz –, leben Dachse oft paarweise oder in kleinen Familiengruppen. In Regionen mit üppigem Nahrungsangebot, wie etwa Südengland, bilden sie hingegen «Sippen» von bis zu 30 Tieren, die sich ein Territorium teilen.

Hinzu kommen physiologische Besonderheiten, die selbst Experten staunen lassen. So halten Dachse keinen echten Winterschlaf, sondern lediglich eine Winterruhe, bei der die Körpertemperatur nur mäßig absinkt. Auch ihre Fortpflanzungsstrategie ist raffiniert: Nach der Paarung entwickelt sich der Embryo nicht sofort weiter. Durch die sogenannte Keimruhe oder verzögerte Implantation nistet sich die Eizelle erst im Winter in der Gebärmutter ein, sodass die Jungen zuverlässig zur günstigen Jahreszeit im Frühjahr geboren werden.

Es ist diese Mischung aus ökologischer Anpassungsfähigkeit, komplexem Sozialverhalten und einer fast unsichtbaren Existenz, die den Dachs zu einer der spannendsten Tierarten Europas macht.

Diese Faszination begleitet mich persönlich seit über 30 Jahren. Als Student der Naturwissenschaften an der ETH Zürich hatte ich mir zur Aufgabe gemacht, die Dachsbaue im Kanton Jura (Schweiz) zu kartieren. Obwohl mir letztlich die Zeit fehlte, um diese Aufgabe zu vollenden, führte mich meine Leidenschaft für diese Art dazu, sie im Rahmen meiner Diplomarbeit in der Landwirtschaftsregion des Knonauer Amts (Kanton Zürich) sowie im Rahmen meiner Doktorarbeit in der Broye (Kantone Freiburg und Waadt) auf akademischere Weise zu erforschen. Mein Werdegang brachte mich auch dazu, zwei Monografien über diese Art zu verfassen (eine sehr allgemeine, die andere vertiefter), womit das Fehlen französischsprachiger Werke über diese Art behoben wurde.

Als ich 2005 nach Südafrika aufbrach, gab es noch immer keine populärwissenschaftliche, aber dennoch fundierte deutschsprachige Monografie über diese Art. Umso erleichterter bin ich, dass zwei Jahrzehnte später diese Lücke endlich durch das vorliegende Werk geschlossen wird. In dieser Zeit sind mehrere Hundert wissenschaftliche Artikel über den Dachs veröffentlicht worden, und neue Techniken sind entstanden, wie etwa die Überwachung mittels GPS-Halsbändern (die Satelliten zur Ortung der Tiere nutzen) sowie die Erfassung und Erforschung des Verhaltens von Dachsen mit Wildtierkameras.

Dieses Buch bietet eine umfassende und facettenreiche Darstellung des Dachses – von seiner Evolutionsgeschichte über seine komplexe Biologie bis hin zu seinem sozialen Verhalten und seiner Bedeutung im Ökosystem. Es entführt die Leserinnen und Leser in die verborgene Welt der Dachse, erklärt anschaulich deren Körperbau, Sinne und Fortpflanzung, und zeigt auf, wie sie in ihren weitverzweigten Bauten leben und welche vielfältigen Beziehungen sie zu anderen Arten eingehen. Dabei werden auch aktuelle Themen wie Populationsentwicklung, Krankheitserreger, Parasiten und der Einfluss des Menschen auf das Dachsmanagement behandelt. Die Kombination aus wissenschaftlicher Tiefe und praxisnahen Informationen macht das Buch sowohl für Naturbegeisterte als auch für Fachleute wertvoll. Mit hilfreichen Ratgebern zum Zusammenleben von Mensch und Dachs sowie Tipps zur Erkennung von Spuren und Baueinrichtungen vermittelt es ein ganzheitliches Bild, das zum besseren Verständnis und respektvollen Umgang mit diesem außergewöhnlichen Tier anregen wird. Ich bin überzeugt, dass das vorliegende Werk den Leserinnen und Lesern alle Geheimnisse – oder fast alle – aus dem verborgenen Leben dieses «Waldgeistes» enthüllen wird.

Emmanuel Do Linh San
Ordentlicher Professor für Zoologie, Sol Plaatje Universität, Südafrika

Einleitung

Es ist Abend und im Wald wird es langsam ruhig. Die meisten Gäste des nahe gelegenen Freibades sind längst zu Hause und nur noch wenige Spaziergänger und Joggerinnen sind unterwegs. In nicht allzu großer Entfernung ist das Bimmeln einer Kirchenglocke zu hören, etwas weiter weg das stetige Rauschen einer Autobahn und das rhythmische Holpern eines Zuges über die Bahnschwellen.

Zwischen den Bäumen im Unterholz regt sich etwas. Eine schwarz-weiß-gestreifte Schnauze taucht aus einem Erdloch auf. Sie gehört einem Dachs, der hier mit seiner Familie in einem weit verzweigten Bau lebt. Er streckt seine Nase in die nach einem Spätsommertag kühler werdende Abendluft und schnuppert. Die Luft scheint rein zu sein. Gemächlich klettert unser Dachs aus dem Bau. Immer noch schnuppernd entfernt er sich langsam ein paar Meter vom Eingang bis zu einer Mulde in der Erde, die er vor ein paar Tagen gegraben hat. Es ist die Dachstoilette, auch Latrine genannt. Unser Dachs erleichtert sich und trottet zurück zum Bau. Dort sind unterdessen weitere Familienmitglieder aus dem Bau aufgetaucht. Nach und nach finden sich zehn Dachse auf der Terrasse aus platt gedrückter Erde vor dem Dachsbau ein. Nun ist erst einmal Körper- und Beziehungspflege angesagt. Die Dachse säubern sich gegenseitig ausgiebig das Fell und markieren einander mit ihren Analdrüsen, um ihre Familienbande zu festigen. Die jüngeren Clanmitglieder spielen wild miteinander.

Nach einer Weile ziehen die Dachse einzeln los, um nach Futter zu suchen. Auch unser Dachs macht sich auf den Weg. Stetig am Boden schnuppernd, bewegt er sich immer weiter vom Bau weg. Bald verlässt er den Wald und gelangt auf eine große Wiese aus hohem Gras. Hier sind schon viele Dachse vor ihm entlanggekommen, daher hat sich ein regelrechter Trampelpfad quer über die Wiese gebildet.

Mittlerweile ist die Nacht fortgeschritten. Ganz dunkel ist es dennoch nicht, denn gleich hinter der Wiese beginnt die Stadt. Durch die Lichter der Häuser und Straßen der Wohnsiedlung ist der Weg unseres Dachses hell erleuchtet. Doch der Dachs würde sich auch ohne Licht gut zurechtfinden, denn er orientiert sich hauptsächlich über seinen Geruchssinn. Hat er eine Insektenlarve erschnuppert, bricht er mit seinen kräftigen Vorderpfoten die Erde auf, um sie freizulegen.

Anschließend geht's weiter direkt ins Wohngebiet hinein. Unser Dachs trottet der asphaltierten Straße entlang, stets auf der Suche nach weiteren Leckereien. Er weiß genau, wo sich die besten Gärten mit den saftigsten Würmern befinden und steuert diese zielstrebig an. In einem Garten sind von einem Apfelbaum reife Früchte abgefallen. Unser Dachs riecht sie schon von Weitem und es ist ein Leichtes für ihn, den Weg zu den süßen Früchten zu finden. Mit großem Appetit macht er sich über sie her. Er ist nicht wählerisch.

Auf seiner nächtlichen Tour besucht unser Dachs verschiedene weitere Gärten und einen kleinen Park, wo er mehrere Dutzend Regenwürmer vertilgt, Insektenlarven ausgräbt und noch mehr reifes Obst und Beeren findet. Nach einigen Stunden ist er satt und kehrt zu seinem Bau zurück. Bald treffen auch die anderen Clanmitglieder wieder in ihrem Zuhause ein. Die Dachse begrüßen sich gegenseitig mit weichen, schnatternden Lauten. Es folgt nochmals eine Runde gegenseitiges Putzen und Markieren und miteinander Spielen. Ein älteres Dachsweibchen schleppt im Rückwärtsgang ein kleines Bündel Stroh an. Geübt hält sie es zwischen Vorderbeinen, Brust und Kinn eingeklemmt und schafft das neue Nestmaterial in den Bau. Das alte hat sie bereits zuvor entfernt. Nach und nach ziehen sich die Dachse einer nach dem anderen wieder in ihre unterirdischen Schlafkammern zurück, wo sie den Tag verschlafen werden. Als es über dem Horizont langsam dämmert, ist auf dem Platz vor dem Bau wieder Ruhe eingekehrt.

So ähnlich könnte sich eine Nacht im Leben eines Dachses abspielen. Den wenigsten von uns ist vermutlich schon ein Dachs begegnet. Das liegt allerdings nicht daran, dass die Tiere selten sind. In Europa sind sie weit verbreitet und sogar in Siedlungsräumen zu Hause. Es liegt vielmehr daran, dass die Dachse den Menschen, wenn möglich, meiden und daher eher in der zweiten Nachthälfte unterwegs sind, wenn die meisten von uns schlafen. Hat man dann doch einmal das Glück, einem Dachs zu begegnen, ist man oftmals überrascht, was für beeindruckende Tiere das sind und wie wendig und schnell sie sich bewegen können. Solche Begegnungen vergisst man dann auch nicht mehr so schnell.

Mit diesem Buch möchten wir unseren wilden Nachbarn Dachs bekannter machen und etwas Licht in seine geheimnisvolle Lebensweise bringen. In einem ersten Teil beschreiben wir die Biologie des Dachses und erklären, was den Dachs ausmacht, wie er aussieht und wie er lebt. In einem zweiten Teil gehen wir auf das Verhältnis zwischen Mensch und Dachs ein, das manchmal auch Konflikte mit sich bringt, und geben Tipps für ein gutes Miteinander. Zwischen den Kapiteln finden Sie immer wieder kurze Inputs von Menschen, die regelmäßig mit Dachsen zu tun haben, sei es im eigenen Garten oder während der Arbeit als Wildhüter oder Tierfilmer.

Die einzelnen Kapitel können auch separat gelesen werden. In den Kapiteln gibt es Verweise auf Abschnitte, in denen wir einzelne Themen erläutern oder vertiefen. Die Quellen und weiterführende Literatur sind ganz am Ende des Buches zusammengefasst und der Lesbarkeit halber nicht im Text zitiert.

Nun wünschen wir Ihnen viel Vergnügen beim Lesen!

Madeleine Geiger, Claudia Kistler, Katja Rauchenstein, Anouk-Lisa Taucher

Ein Dachs streckt seine Nase aus dem Eingang des Baues und prüft, ob die Luft rein ist

Wer sind die Dachse und woher kommen sie?

Der Platz der Dachse im Baum des Lebens

Unser heimischer Dachs gehört zur Gruppe der Marder, auch Marderartige (Mustelidae) genannt. Weitere Vertreter dieser Gruppe sind zum Beispiel die Marder selbst sowie die Otter, Wiesel, Iltisse und Nerze, der Vielfraß und die Honig-, Sonnen- und Silberdachse. Die Marderartigen sind eine vielfältige Gruppe, die nach heutigem Wissensstand weltweit um die 70 Arten umfasst. Ihre Vertreter haben die unterschiedlichsten Lebensweisen entwickelt: Es gibt Arten, die klettern, in unterirdischen Bauen leben oder sogar solche, die an das Leben im Wasser angepasst sind. Nur das Fliegen hat bisher noch keine Mustelidenart für sich entdeckt.

Denkt man an Marder, Wiesel, Otter & Co., hat man vermutlich die langgestreckte, schlanke und kurzbeinige Körperform der meisten heimischen Marderartigen vor Augen. Typische Beispiele dafür sind der Baum- und der Steinmarder, das Hermelin, das Mauswiesel, der Iltis und der Fischotter. Diese Körperform ist jedoch keineswegs typisch für alle Marder. Einige Vertreter der Mustelidae sind von eher massiger Statur. Beispiele dafür sind unser bis zu 20 kg schwere heimischer Dachs

Zu den Marderartigen gehören neben dem Dachs zum Beispiel auch der Fischotter (*Lutra lutra*, diese Seite oben), der Baummarder (*Martes martes*, nächste Seite oben links), das Hermelin (*Mustela erminea*, nächste Seite oben rechts) und der Vielfraß (*Gulo gulo*, nächste Seite unten).

oder der bis zu 30 kg schwere Vielfraß *(Gulo gulo)*, der in der Tundra und Taiga der nördlichen Hemisphäre verbreitet ist. Der ausgestorbene *Megalictis* aus dem Miozän in den USA konnte sogar noch größer werden. Er erreichte vermutlich die Größe der heutigen Jaguare und hat sich wahrscheinlich ähnlich ernährt wie die heutigen, knochenbrechenden Hyänen. Die langgestreckte Körperform vieler «wiesel-typischen» Musteliden ist vermutlich das Resultat einer Spezialisierung für die Jagd auf unterirdisch lebende Nagetiere in deren Bauen oder für ein Leben im Wasser wie beim Otter, das durch diese stromlinienförmige Körperform erleichtert wird. Die stämmige, «dachs-typische» Körperform hingegen ist vermutlich eine Anpassung an das Ausgraben von Nahrung aus dem Boden. Denn für eine solche Lebensweise benötigen die Tiere eine kräftige Muskel- und Knochenstruktur. Allen Musteliden gemeinsam sind ein kräftiger Schädel, eine kurze Schnauze, runde Ohren und die meist gut ausgebildeten Analdrüsen (**mehr dazu im Kapitel «Äußere und innere Merkmale»**).

Die weitere Verwandtschaft der Marderartigen umfasst die Kleinbären (Procyonidae, zum Beispiel Waschbär), die Kleinen Pandas (Ailuridae) und die Stinktiere (Mephitidae). Zusammen bilden sie die Gruppe der Marderverwandten (Musteloidea). Die nächsten Verwandten der Marderverwandten wiederum sind die Seehunde und Robben (Pinnipedia).

Wenn wir noch etwas weiter aus dem Stammbaum «herauszoomen», wird klar, dass unser Dachs Teil der Ordnung der Raubtiere (Carnivora) ist. Zu dieser Gruppe gehören neben den Marderverwandten und den Robben zum Beispiel auch die Bären, Hunde, Katzen, Hyänen und Mangusten. Doch nicht alle Raubtiere sind reine Fleischfresser. Viele Arten, darunter unser Dachs, ernähren sich auch von pflanzlicher Kost (**mehr dazu im Abschnitt «Wovon sich Dachse ernähren»**).

Die Dachse der Welt

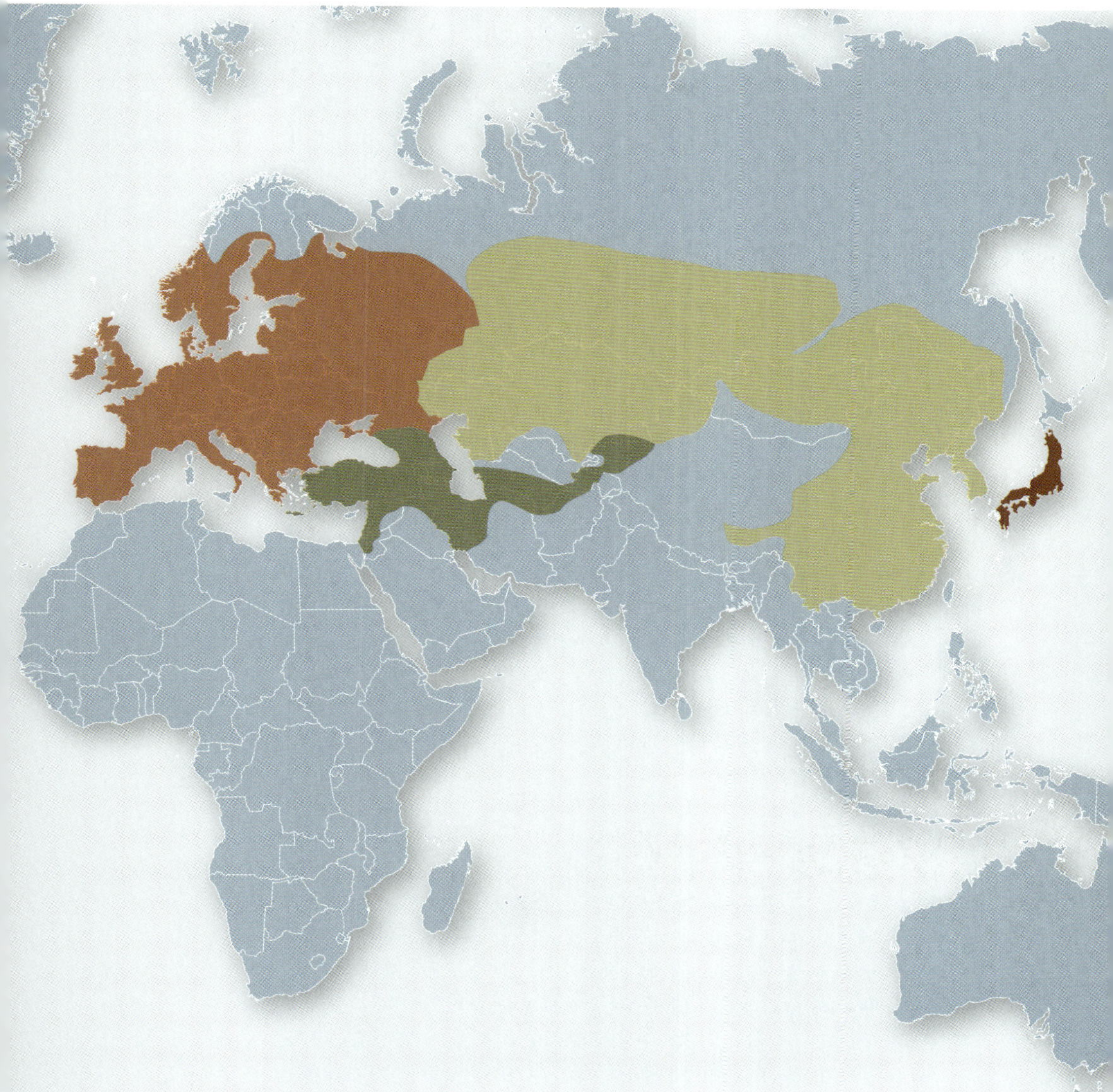

Ungefähre Verbreitungskarte der Dachse der Gattung *Meles*, zu der auch der bei uns heimische Dachs gehört: Rot: Europäischer Dachs *Meles meles*. Blau: Asiatische Dachs *Meles leucurus*. Braun: Japanischer Dachs *Meles anakuma*. Grün: Transkaukasischer Dachs *Meles canescens* (verändert nach Proulx et al. 2016).

Der Star dieses Buches gehört zur Art «Europäischer Dachs» oder *Meles meles*. Er ist fast überall in Europa verbreitet. Die Gattung *Meles* umfasst nach heutigem Verständnis aber nicht nur den Europäischen Dachs, sondern drei weitere Arten, die sich in Merkmalen ihres Felles leicht unterscheiden: Der in Zentral- und Ostasien sowie Osteuropa verbreitete Asiatische Dachs *(Meles leucurus)*, der Japanische Dachs *(Meles anakuma)* und der in Südwestasien verbreitete Transkaukasische Dachs *(Meles canescens)*. Die Verbreitungsgebiete dieser Dachsarten überschneiden sich nur wenig. Dort, wo es Überschneidungen gibt, kann es zu Kreuzungen zwischen den Arten kommen. Der Asiatische Dachs *(Meles leucurus)* zum Beispiel hat sich in den vergangenen 100 bis 200 Jahren weiter nach Westen ausgebreitet, sodass sich sein Verbreitungsgebiet in einer schmalen Zone im Bereich der Flüsse Wolga und Kama in Russland mit demjenigen des Europäischen Dachses *(Meles meles)* überschneidet. In dieser Zone wurden Kreuzungen zwischen diesen beiden Arten nachgewiesen, wobei die Nachkommen lebensfähig und fruchtbar sind und sich weiter fortpflanzen können.

Ursprünglich wurden diese vier heute lebenden Arten der Gattung *Meles* zur selben Art (*Meles meles*) gezählt und dabei zum Teil als geografische Variationen (Unterarten) eingestuft. Neuere Studien der Knochen und Zähne, der Fellfarbe und -muster, der Parasiten sowie der Genetik stützen jedoch die Ansicht, dass es sich um vier unterschiedliche Arten handelt.

Nahe verwandt mit der Gattung *Meles* ist die Gattung *Arctonyx*. Vertreter der letzteren werden auf Deutsch auch «Schweinsdachse» genannt, was auf ihre schweinerüsselartige Schnauze hindeutet. Die drei Arten dieser Gattung sind im Osten und Süden Asiens verbreitet. *Meles* und *Arctonyx* zusammen bilden die Gruppe der Melinae, der Dachse.

Unter die Artbezeichnung «Dachs» fallen auch verschiedene weitere Arten. Diese haben zwar alle eine Gesichtszeichnung, kräftige Vorderbeine und Krallen zum Graben sowie eine ähnliche Lebensweise, sind jedoch nicht näher miteinander oder mit der Gruppe der eigentlichen Dachse (Melinae) verwandt. Dazu gehören der in Nordamerika verbreitete Silberdachs *(Taxidea taxus)*, der in Afrika und Asien verbreitete Honigdachs *(Mellivora capensis)* sowie die in Südostasien verbreiteten Sonnendachse (*Melogale*, fünf Arten). Die Stinkdachse (*Mydaus*, zwei Arten) gehören nicht einmal zur Gruppe der Marder (Mustelidae), sondern sind mit den Stinktieren (Mephitidae) verwandt.

Trotz einer fehlenden Verwandtschaft weisen Tiere mit der Artbezeichnung «Dachs» also dennoch Gemeinsamkeiten im Körperbau und in der Lebensweise untereinander auf. Treten Ähnlichkeiten bei nicht näher verwandten Arten auf, spricht man von «konvergenter Evolution». Das bedeutet, dass Arten aufgrund ähnlicher Umweltbedingungen unabhängig voneinander ähnliche Eigenschaften entwickelt haben. Das Phänomen kann man auch bei anderen Tiergruppen beobachten. Ein Beispiel sind die Flügel bei Vögeln, Flugsauriern und Fledermäusen.

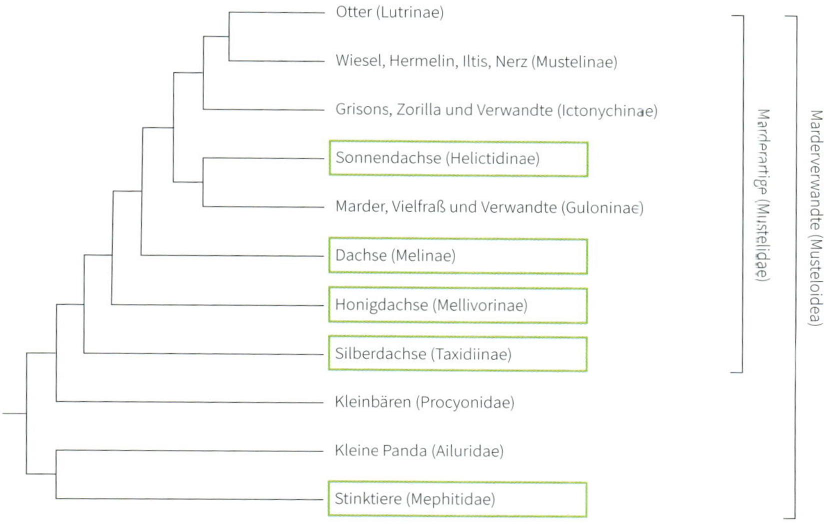

Dieser Stammbaum zeigt die verwandtschaftlichen Verhältnisse der Marderverwandten. Dabei gehört der Europäische Dachs *Meles meles* zusammen mit drei anderen Arten der Gattung *Meles* und den Schweinsdachsen der Gattung *Arctonyx* zur Gruppe der Dachse (Melinae). Als Dachse werden jedoch auch noch andere Arten bezeichnet, die nicht näher mit dieser Gruppe der Melinae verwandt sind. Alle diese Dachse sind im Stammbaum farbig umrandet. Dazu gehören der Silberdachs in der Gruppe der Taxidiinae, der Honigdachs in der Gruppe der Mellivorinae, die Sonnendachse in der Gruppe der Helictidinae sowie die Stinkdachse in der Gruppe der Mephitidae.

Obwohl nicht näher miteinander verwandt, haben die als Dachse bezeichneten Tiere eine ähnliche Lebensweise sowie ein ähnliches Erscheinungsbild mit einer Gesichtszeichnung und kräftigen Vorderbeinen und Krallen zum Graben. Oben links: Japanischer Dachs *(Meles anakuma)*, oben rechts: Schweinsdachs *(Arctonyx collaris)*, Mitte links: Silberdachs *(Taxidea taxus)*, Mitte rechts: Honigdachs *(Mellivora capensis)*, unten links: Chinesischer Sonnendachs *(Melogale moschata)*, unten rechts: Sunda-Stinkdachs *(Mydaus javanensis)*.

Wie der Dachs nach Europa kam

Europa war nicht immer von Dachsen bewohnt. Die Gattung *Meles*, zu der neben unserem Europäischen Dachs mit dem Asiatischen, dem Japanischen und dem Transkaukasischen Dachs drei weitere in Eurasien verbreitete Dachsarten gehören, entstand vermutlich im Pliozän vor rund 5,3 bis 3,4 Millionen Jahren in den Laubwäldern der gemäßigten Breiten Asiens. Der älteste Vertreter der Gattung *Meles* in Europa ist *Meles thorali*. Die Art war im späten Pliozän in weiten Teilen Europas verbreitet. Der Schädel von *Meles thorali* war dem unserer heutigen Dachse ähnlich, allerdings schmaler gebaut. Leider ist nichts darüber bekannt, ob diese Tiere wie unsere heutigen Dachse Baue gegraben haben und Allesfresser waren. Vor rund 1,2 bis 1,7 Millionen Jahren entstand aus der Linie von *Meles thorali* der heutige Europäische Dachs *Meles meles*. Die Evolution der heutigen eurasischen Dachsarten der Gattung *Meles* war geprägt von den eiszeitlichen Vergletscherungen. Diese führten dazu, dass sich die damals existierenden Landschaften und Ökosysteme veränderten und dadurch die Dachs-Populationen, die dort lebten, separiert wurden und sich getrennt voneinander weiterentwickelten.

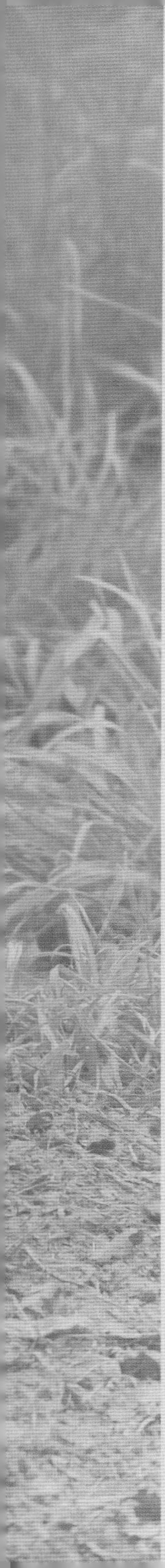

Biologie und Lebensweise des Dachses

Äußere und innere Merkmale

Die charakteristische Fellzeichnung des Dachses

Das auffälligste Merkmal des Dachses ist seine schwarz-weiße Gesichtsmaske. Am weiß gefärbten Kopf verlaufen dabei von der Schnauze über die Augen und Ohren bis zum Nacken zwei breite, schwarze Streifen. Die Augen sind daher nur schwer erkennbar. Die oberen Ohrkanten heben sich leuchtend weiß von den schwarzen Streifen ab. Die langen Haare auf dem Rücken sind dreifarbig: An der Basis weiß oder beige, in der Mitte schwarz und an der Spitze weiß. Das Fell auf dem Rücken erscheint deshalb silbrig-grau. An den Flanken kann das Fell grau, gelblich oder beige sein, wobei häufig die Erde vom Graben diese Farbschattierung beeinflusst. Die Kehle und die Beine sind schwarz und der Bauch mit weißlichem bis schwarzbraunem, schütterem Fell behaart, weshalb oft die Haut durchschimmert. Das Fell ist allgemein nicht sehr weich, sondern fühlt sich eher etwas rau an. Selten gibt es auch leuzistische, albinistische oder erythristische Tiere. Leuzismus ist eine Genmutation, die dazu führt, dass die Haut und Haare der Tiere keine farbstoffbildenden Zellen enthalten und daher weiß gefärbt sind. Beim Albinismus hingegen sind die farbstoffbildenden Zellen zwar vorhanden, aber sie funktionieren nicht. Die Auswirkungen sind jedoch ähnlich wie beim Leuzismus. Beim Erythrismus handelt es sich um eine rötliche Färbung der Haut und/oder Haare. Sie entsteht, wenn zum Beispiel ein normales Pigment fehlt oder gewisse Pigmente übermäßig produziert werden.

Während das dünnere Sommerfell etwas dunkler ist, weist das dicke Winterfell ein etwas helleres Grau auf. Mit dem Wechsel vom Sommer- zum Winterfell legen die Dachse auch eine beachtliche Fettschicht an, die ihnen hilft, den Winter zu überstehen (mehr dazu im Kapitel «Die Lebensweise des Dachses»).

Die charakteristische schwarz-weiße Gesichtsmaske des Dachses (oben) ist sehr markant. Sie wird manchmal mit der horizontalen Gesichtsmaske des Waschbären (Mitte) oder der weniger ausgeprägten Maske des Marderhundes (unten) verwechselt.

Der Körperbau

Der Dachs hat einen kompakten, gedrungenen Körperbau mit kurzem Hals, kurzem, dickem Schwanz und kleinem, schmalem Kopf. Die Schnauze hingegen ist eher lang und der Nasenspiegel groß. Da die Muskeln in der Nase gut ausgeprägt sind, kann der Dachs seine Nase rüsselartig einsetzen. Die Augen des Dachses sind eher klein, mit einer dunkelbraunen Iris und einer runden Pupille. Die Beine sind kurz und kräftig. Auffällig sind die kräftigen Pfoten mit den langen, abwärts gebogenen Krallen, die dem Dachs als sehr gutes Grabwerkzeug dienen. Die Krallen an den Vorderpfoten sind gut doppelt so lang wie diejenigen an den Hinterpfoten. Bewegt sich der Dachs fort, berühren die Ballen am nächsten zum Hand- und Fußgelenk den Boden nicht, sondern nur die Finger- und Handballen (resp. Zehen- und Fußballen). Damit sind sie keine reinen Sohlengänger. Dies ist auch gut an den typischen Pfotenabdrücken, den sogenannten Trittsiegeln, erkennbar. Die fünf Finger- und Zehenballen sind nebeneinander auf einer leicht gebogenen Linie angeordnet. Im Trittsiegel sind auch die Krallen sichtbar (mehr dazu im Kapitel «Spuren der heimlichen Nachbarn erkennen»).

Dachse sind durchschnittlich zwischen 72 und 92 cm lang und 7–14 kg schwer, wobei das Gewicht starke jahreszeitliche Schwankungen aufweist. Da Dachse sich für die Winterruhe eine Fettschicht anfressen müssen, können sie vor dem Winter 15–20 kg erreichen. Tiere aus höheren geografischen Breiten sind tendenziell schwerer und massiger und haben kürzere Beine. Dieses Phänomen kann man bei vielen Tierarten beobachten, die in kalten Klimaten leben. Die Körperoberfläche wird dadurch reduziert und die Tiere verlieren weniger Körperwärme. Zwar sind männliche Tiere etwas schwerer und größer als die Weibchen, die zudem einen schmaleren und flacheren Kopf haben. Dennoch können die Geschlechter äußerlich

Dachse haben an den Vorderpfoten lange Krallen. Die Ballen der Vorder- und Hinterfüße hinterlassen ein typisches Trittsiegel, das man bei guten Bedingungen im Schnee oder im Schlamm erkennen kann.

nur schwer voneinander unterschieden werden. Eine sichere Geschlechtsbestimmung ist nur möglich, wenn man die Geschlechtsteile sehen oder spezielle Verhaltensweisen beobachten kann, wie zum Beispiel das Säugen von Jungtieren. Die Brustwarzen sind bei säugenden Weibchen leicht geschwollen und können auch ohne anwesende Jungtiere das Geschlecht verraten. Aber Achtung, auch männliche Dachse haben Brustwarzen. Manchmal sind bei männlichen Dachsen die Hoden sichtbar, wenn sich das Tier nach vorne beugt, um sich zu putzen.

Das «Innenleben» des Dachses

Der Schädel der Dachse ist länglich und ziemlich massiv. Besonders auffällig am Schädel ist der Scheitelkamm, eine bis zu 15 mm hohe Knochenleiste in der Mitte

Kratzen sich die Dachse am Bauch, sieht das nicht nur lustig aus, sondern kann manchmal auch die Geschlechtsbestimmung erlauben, sofern die Geschlechtsteile zu sehen sind.

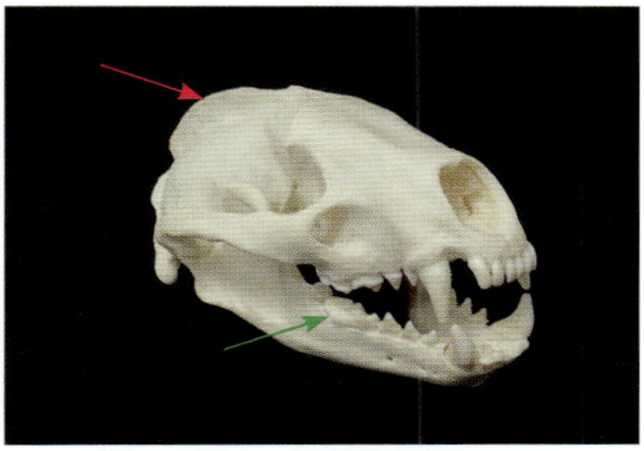

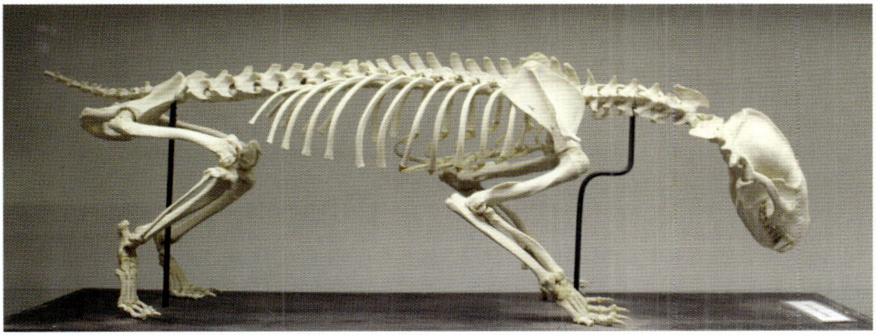

des Schädeldaches. Sie kann bei erwachsenen Dachsen vom Nacken bis zur Stirn reichen. Der Scheitelkamm bildet eine Ansatzfläche für die sehr starken Kaumuskeln des Dachses, die bis zum Unterkiefer reichen. Zudem schützt er, zusätzlich zum Schädel, das Gehirn vor Schlägen, harten Stößen und auch Bissen. Dachse können nämlich sehr kräftig zubeißen und damit auch Knochen verletzen oder brechen. Dachse besitzen eine ausgeprägte Knochenspange am Kiefergelenk. Sie umschließt den Unterkiefer und verbindet ihn mit dem Schädel, der dadurch sehr fest im Schädel verankert ist. Darum fällt der Unterkiefer auch nicht ab, wenn man einen Dachsschädel hochhebt, wie es bei den meisten anderen Tieren der Fall wäre. Eine solche Knochenspange kommt normalerweise bei Raubtieren vor, die wehrhafte Tiere erbeuten. Sie sorgt dafür, dass das Kiefergelenk nicht auskugelt, wenn sich die Beutetiere wehren. Die Schneidezähne sind klein, die Eckzähne sind auffällig, aber weni-

Der gut sichtbare Scheitelkamm (roter Pfeil) verläuft oben längs am Schädel. Er fungiert als Ansatzfläche für die starken Kaumuskeln des Dachses. Die Kaufläche der Backenzähne (grüner Pfeil) ist groß und zeichnet den Dachs als Allesfresser aus.

Das Skelett des Dachses mit dem länglichen Schädel, den kurzen kräftigen Gliedmaßen und dem nicht sehr beweglichen Rücken.

ger als bei spezialisierten Fleischfressern wie zum Beispiel Katzen. Die Backenzähne sind breit und flach und somit gut geeignet zum Zermahlen von unterschiedlichsten Nahrungstypen, inklusive pflanzlicher Nahrung. Dachse besitzen also ein typisches «Allesfressergebiss». Dieses ist sogar noch stärker ausgeprägt als bei anderen Allesfressern wie zum Beispiel dem Fuchs. Dass Dachse ausgesprochene Allesfresser sind, zeigt sich auch in ihrem langen Darm, der länger ist als derjenige des Fuchses. Dagegen fehlt dem Dachs, wie vielen anderen Karnivoren auch, der Blinddarm. Dieser ist vor allem bei reinen Pflanzenfressern gut ausgebildet und hilft bei der Verdauung von Zellulose und Pflanzenfasern.

Die Zähne können ein Indiz für das Alter des Dachses sein: Je älter das Tier ist, umso abgenutzter sind seine Zähne. Allerdings nimmt der Dachs mit der Nahrung häufig auch etwas Erde auf, insbesondere, wenn er Regenwürmer frisst. Je nach der jeweiligen Zusammensetzung der Böden im Lebensraum nutzen sich die Zähne des Dachses unterschiedlich stark ab, was man bei der Altersbestimmung mitberücksichtigen muss.

Im Vergleich zu anderen Marderartigen, wie zum Beispiel dem Hermelin, ist der Rücken des Dachses eher kurz und unbeweglich. Das restliche Skelett mit den kräftigen und kurzen Gliedmaßen hingegen ähnelt demjenigen der anderen Marderartigen.

Männliche Dachse besitzen einen Penisknochen, das sogenannte Baculum, und weibliche Dachse einen Klitorisknochen, das Baubellum. Diese Knochen sind bei den meisten Vertretern der Gruppe der Raubtiere (Carnivora) vorhanden und übernehmen verschiedene Funktionen während der Paarung. Bei uns Menschen fehlen diese Knochen.

Sinne

Der wichtigste Sinn des Dachses ist der Geruchssinn. Er hilft ihm zusammen mit den Tasthaaren, die er rund um die Schnauze und über den Augen trägt, sich in den dunklen Gängen der unterirdischen Baue zu orientieren. Der Dachs hat ein besseres Riechvermögen als der Mensch. Seine feine Nase setzt er auch auf seinen nächtlichen Streifzügen auf der Suche nach Nahrung und Fortpflanzungspartnern ein. Für die geruchliche Kommunikation innerhalb der Gruppe spielen die Drüsen an der Schwanzbasis und am Anus eine wichtige Rolle. Diese sondern Sekrete ab, mit denen sich die Dachse gegenseitig markieren und so für einen Clangeruch sorgen, womit sie aber auch ihr Territorium markieren (mehr dazu im Kapitel «Die Lebensweise des Dachses»). Der Sehsinn spielt bei Dachsen als dämmerungs- und nachtaktive Tiere eine eher untergeordnete Rolle. Farben sehen sie schlecht, und scharf sehen können sie nur auf kurze Distanzen. Kontraste können hingegen gut wahrgenommen werden. Ihr Hörsinn ist gut ausgeprägt.

Die Lebensweise des Dachses

Wie Dachse sich sozial organisieren

Dachse sind soziale Tiere mit einem komplexen und flexiblen Familienleben. Je nach Lebensraum, Nahrungsangebot oder Klima leben sie paarweise in kleineren oder größeren Familiengruppen mit komplexem sozialem Leben. Familiengruppen bilden sich insbesondere dann, wenn die Nahrungsgrundlagen gut sind und damit der Dachsbestand im Gebiet hoch ist. In diesen Fällen besteht eine Familie meist aus mehreren erwachsenen und miteinander verwandten Tieren beider Geschlechter und den Jungtieren. Bei guten Bedingungen kann sie bis auf 30 Individuen und mehr anwachsen, da der Nachwuchs nicht abwandert, sondern zunächst bei der Familiengruppe bleibt und dies von den Älteren toleriert wird. Dass sich Dachse sozial sehr flexibel organisieren können, hat auch damit zu tun, dass sie in Teilen ihres Verhaltens im Vergleich zu anderen sozial lebenden Raubtieren, wie zum Beispiel dem Wolf, weniger stark auf die anderen Gruppenmitglieder ausgerichtet sind: Sie gehen alleine auf Futtersuche, warnen sich nicht gegenseitig bei Gefahren oder helfen sich gegenseitig kaum bei der Aufzucht der nicht eigenen Jungtiere, wie das zum Beispiel bei Füchsen vorkommt. Der Vorteil des Zusammenlebens ergibt sich bei Dachsen eher daraus, dass sie gemeinsam vom sicheren und durch die Körperwärme der Clanmitglieder gut temperierten Bau profitieren, insbesondere die Mütter, die ihre Jungen während mehrerer Wochen säugen und warmhalten müssen (mehr dazu im Abschnitt «Wo Dachse wohnen: Der Dachsbau» bzw. «Wie sich Dachse fortpflanzen»). Auch wenn Dachse nicht alles gemeinschaftlich erledigen, so haben sie dennoch ein intensives Sozialleben, das den Zusammenhalt innerhalb des Clans fördert: Man pflegt sich gegenseitig, kommuniziert viel und spielt und rangelt miteinander.

Als territoriale Tiere besetzen Dachse ein Gebiet, das zwischen 10 ha und 2400 ha (24 km^2) groß sein kann. Diese Flächen entsprechen 14 bzw. 3360 Fußballfeldern. Die Größe ist abhängig davon, wie viel Nahrung vorhanden und wie groß die Anzahl anderer Dachsfamilien in der Gegend ist. Leben nur wenige andere Dachse in der Nachbarschaft, verhalten sich Dachse nicht sehr territorial und die Gebiete benachbarter Familien überlappen sich. Steigt jedoch die Anzahl Dachsfamilien an, schrumpfen die Gebiete. Die jeweils ansässige Familie verteidigt ihr Gebiet nun aktiv gegen fremde Artgenossen und markiert die Grenzen optisch durch Pfade und geruchlich mit Kot und Duftmarken aus Drüsen. Gerüche spielen auch beim gegenseitigen Erkennen eine wichtige Rolle (mehr dazu im Abschnitt «Wie Dachse kommunizieren»).

Doch Dachse wären nicht Dachse, wenn sie nicht für Überraschungen sorgten. Denn sie scheinen die Grenzen der Territorien nicht so ernst zu nehmen, wie man zuerst vermutete. Das zeigte eine irische Studie, in der man dank Senderhalsbändern die Streifzüge der Dachse verschiedener Familiengruppen verfolgen konnte. Sowohl die Weibchen als auch die Männchen dieser Gruppen besuchten benachbarte Territorien während des ganzen Jahres, wobei solche Besuche zwischen April

Dachse sind soziale Tiere. Sie leben paarweise oder in Gruppen.

und September am häufigsten waren. Man geht davon aus, dass sie während der Fortpflanzungszeit diese Ausflüge unternehmen, um sich mit Mitgliedern anderer Gruppen zu paaren (**mehr dazu im Abschnitt «Wie sich Dachse fortpflanzen»**). In den Sommermonaten hingegen dienen ihnen die Territoriumsgrenzen vermutlich eher dazu, sich darüber zu informieren, wer in den anderen Familiengruppen lebt und wie gesund die Nachbarn sind.

Dachsfamilien können bis zu 30 Individuen umfassen.

Wann Dachse aktiv sind

Dachse sind dämmerungs- und nachtaktive Tiere. Bei Sonnenuntergang, und im Sommer zuweilen sogar früher, verlassen sie den Bau und unternehmen auf der Suche nach Nahrung Streifzüge durch ihr Territorium. Zudem kümmern sie sich um den Bau, den sie mit ihren kräftigen, krallenbewehrten Vorderpfoten reparieren, um neue Gänge und Kammern erweitern und mit frischem Polstermaterial ausstatten. Um den Hauptbau herum spielt sich das soziale Leben der Dachse ab. Hier wachsen

Linke Seite oben: Dachse sind während der Dämmerung und der Nacht aktiv. Auf der Suche nach Futter sind sie meist allein unterwegs.

Linke Seite unten: Zuweilen erkundet die Dachsfamilie die Umgebung gemeinsam, insbesondere mit den Jungtieren.

Oben: Mit ihrem ausgezeichneten Geruchssinn nehmen Dachse beim Verlassen des Baues jeweils Witterung auf, um die Umgebung nach Gefahren abzuchecken.

die Jungen auf, es wird gespielt, geruht und intensiv Körperpflege betrieben. Dabei kämmen sie mit den langen Krallen der Vorderpfoten ihr Fell und entfernen kratzend Parasiten wie Flöhe, Läuse oder Zecken. Sie pflegen sich auch häufig gegenseitig, vornehmlich an Stellen am Kopf, die sie selbst nicht erreichen. In der Morgendämmerung ziehen sich die Dachse zum Schlafen in den Bau zurück, bis sie gegen Abend wieder aktiv werden. Als Ruhe- und Tagesschlafplätze dienen ihnen neben dem Hauptbau weitere kleinere Nebenbaue, die im Territorium verteilt angelegt sind (mehr dazu im Abschnitt «Wo Dachse wohnen: Der Dachsbau»).

Die Dauer der Aktivität der Dachse schwankt je nach Jahreszeit. Am aktivsten sind sie in den Sommermonaten. In dieser Zeit können sie pro Nacht bis zu 10 Stunden unterwegs sein. Im Frühling und Herbst sind sie 6–7 Stunden außerhalb des Baues unterwegs, während sie im Winter, insbesondere bei Frost und Schnee, kaum aktiv sind und im Bau bleiben. Manchmal legen sie während ihrer aktiven Zeit Ruhepausen ein. Sie nutzen dazu nicht nur Baue, sondern auch Verstecke, zum Beispiel in Hecken, in Gebüschen oder auch in Feldern, manchmal sogar unter Gartenhäuschen.

Wie sich Dachse fortpflanzen

Das Fortpflanzungsgeschehen ist bei Dachsen recht kompliziert, nicht nur, was ihr Paarungsverhalten betrifft, sondern sie warten als Marderartige auch mit einer physiologischen Besonderheit auf: der verzögerten Implantation oder Keimruhe. Bei diesem Vorgang nistet sich das befruchtete Ei nach erfolgter Paarung nicht in der Gebärmutterschleimhaut ein, sondern verbleibt in einer Art Ruhemodus. Während der Keimruhe können die Weibchen weitere Eisprünge haben und sich weiter paaren und damit weitere befruchtete Eier einlagern. Diese wiederholten Paarungen können zum einen dazu führen, dass die Anzahl der Embryonen steigt und zum anderen, dass die Jungen eines Wurfes verschiedene Väter haben und sich somit auch die genetische Vielfalt erhöht.

Erst ein paar Monate später beginnen sich schließlich die Embryonen gleichzeitig zu entwickeln, und zwar meist im Dezember, wenn sich der hormonelle Zustand des Weibchens ändert. Dadurch ist gewährleistet, dass die Jungen, egal, wann die Befruchtung stattgefunden hat, zur selben Zeit zur Welt kommen. Dieser Zeitpunkt variiert je nach geografischer Verbreitung der Dachse. Allerdings kommt es nur zur Trächtigkeit, wenn die Bedingungen dafür gut sind. Ist das Weibchen in einem schlechten Gesundheits- oder Ernährungszustand, werden die Eizellen resorbiert, das heißt, der Körper baut sie wieder ab.

Dachse paaren sich fast das ganze Jahr über. Die Hauptpaarungszeit fällt in die Monate Januar bis März. Zu dieser Zeit paaren sich vor allem Weibchen, die zwei oder mehr Jahre alt sind. Eine zweite Phase fällt in die Monate April und Mai, während der sich vor allem die einjährigen Weibchen paaren. In den Monaten Juli bis Oktober tritt eine dritte und weniger intensive Paarungsphase auf. Während dieser Zeit paaren sich Weibchen unterschiedlichen Alters, und auch diejenigen, die bereits früher im Jahr befruchtet wurden. Dabei paaren sich die Weibchen mit unterschiedlichen Männchen, sehr häufig auch mit solchen aus benachbarten Gruppen. Ein solches Paarungsverhalten, bei dem sich verschiedene Individuen miteinander paaren, nennt man in der Biologie «promisk».

Während der Paarungszeit patrouillieren oft mehrere Männchen um den Bau, gurren in die Eingänge hinein und warten, bis sie an der Reihe sind, sich zu paaren. Am erfolgreichsten sind Männchen im Alter von 4–5 Jahren, während die Weibchen mit 5–6 Jahren am fruchtbarsten sind. Mit zunehmendem Alter geht die Fruchtbarkeit zurück und die älteren Weibchen pflanzen sich kaum noch fort. Letzteres gilt allerdings eher für Gebiete mit einer hohen Anzahl an Dachsen, während die Weibchen in Gebieten mit weniger Dachsen ihr gesamtes Leben lang für Nachwuchs sorgen und zudem meist schon in ihrem 1. Lebensjahr trächtig werden. Auch ältere Männchen pflanzen sich weniger fort.

Das Männchen wirbt um die Weibchen, indem es gurrend mit steifen Beinen herumstolziert und den Schwanz senkrecht in die Höhe reckt. Zuweilen setzt es vor dem Eingang eine Duftmarke ab, um das Weibchen damit aus dem Bau zu locken. Akzeptiert sie seine Einladung, folgen gegenseitiges Pflegen und Markieren mit der Analdrüse. Zur Paarung besteigt das Männchen das Weibchen und beißt es dabei in den Nacken. Begleitet wird die Paarung durch gurrende und kurze, bellende Laute, wobei letztere andere Dachse vom Stören der Paarung abhalten sollen. Die Paarungen erfolgen wiederholt und über Tage hinweg, wobei der einzelne Akt wenige Minuten bis zu einer Stunde dauern kann. Die Weibchen paaren sich dabei bevorzugt mit den Männchen, die sie häufiger pflegen. Zwischen den Männchen, die um das gleiche Weibchen buhlen, kann es indes zu aggressiven Auseinandersetzungen kommen. Sie eskalieren aber meist nicht, insbesondere nicht zwischen Männchen derselben Familiengruppe. Es kommt sogar vor, dass sich die Männchen nach solchen Streitereien gegenseitig pflegen.

Sowohl die Paarung als auch die Trächtigkeit ist für das Weibchen nicht ungefährlich, daher sollte es wählerisch bei der Entscheidung sein, mit wem es sich paart. Denn bei der Paarung kann es schon mal ruppig zu- und hergehen. Dabei können sich rivalisierende Männchen Bisswunden zufügen, und auch die Weibchen tragen zuweilen Verletzungen davon. Dass sich Dachsweibchen mit mehreren Männchen paaren, muss ihnen also erhebliche Vorteile bringen. Beobachtungen haben denn auch gezeigt, dass sich durch das promiske Verhalten der Weibchen die Aggressionen zwischen den Männchen generell reduzieren, auch wenn fremde Männchen manchmal aggressiv vertrieben werden. Ein weiterer Vorteil des Partnerwechsels

Dachsweibchen paaren sich wiederholt und üblicherweise mit mehreren Männchen.

Während der Paarung beißt das Männchen das Weibchen in den Nacken. Begleitet wird die Paarung durch gurrende und kurze, bellende Laute.

ist, dass das Dachsweibchen Spermien von mehreren Männchen erhält, was die genetische Vielfalt erhöht. Die Paarung insbesondere mit Männchen anderer Gruppen verringert also das Risiko von Inzucht, von der gerade territoriale, in Gruppen lebende Arten besonders betroffen sein können. Inzucht kann dazu führen, dass es kleinere Würfe gibt, weniger Jungtiere überleben oder die Tiere weniger lang leben. Und schließlich können sich die Männchen nicht sicher sein, ob sie der Vater der Jungen sind, was wiederum die Gefahr reduziert, dass sie die Jungtiere töten. Diesen sogenannten Infantizid kennt man zum Beispiel von Löwen oder Schimpansen, bei denen die Männchen bei der Übernahme einer Gruppe die vorhandenen Jungtiere töten. Denn verlieren die Weibchen ihre Jungen, werden sie schneller wieder fruchtbar und paarungsbereit.

Die eigentliche Tragzeit, die im Winter nach der Keimruhe beginnt, beträgt 45 Tage. Zwischen Januar und März, je nach geografischer Lage, bringt das Weibchen in einem warm gepolsterten Kessel im Hauptbau 1–5 Welpen zur Welt, meist sind es 2–3. Die Kleinen sind blind und taub, sind etwa 12 cm groß und wiegen ca. 75–130 g. Ihre rosa Haut ist nur spärlich mit silbernem Fell bedeckt, doch bereits nach einer Woche entwickelt sich die typische schwarz-weiße Gesichtsmaske. Während der folgenden 12 Wochen werden sie von ihrer Mutter gesäugt. Mit 4–5 Wochen erscheinen die Milchzähne und nach 5 Wochen öffnen die Kleinen die Augen. Im Alter von 6–8 Wochen wagen sie sich erstmals aus dem Bau, doch dauert es nochmals einige Wochen, bis sie regelmäßig vor dem Bau anzutreffen sind. Die Mutter entwöhnt sie langsam und bringt ihnen immer häufiger festes Futter wie Käfer und Würmer. Nach 3 Monaten haben sie ein Gewicht von 4–6 kg erreicht. Bei ihren nächtlichen Ausflügen lernen sie die unmittelbare Umgebung und den Geruch des Baues kennen, der sich ihnen einprägt. Zudem beginnen sie damit, sich zu pflegen und selbst Nahrung wie Regenwürmer zu erbeuten oder auch Polstermaterial einzutragen. Natürlich ist auch das ausgiebige Spielen mit den Geschwistern und den Erwachsenen ein wichtiger Zeitvertreib. Nach und nach integrieren sie sich ins Gruppenleben des Familienclans und lernen im Verlaufe des Sommers das gesamte Territorium mit all seinen verschiedenen Lebensräumen kennen. Mit 5–6 Monaten erreichen sie die Größe und das Gewicht eines erwachsenen Individuums. Es kommt vor, dass die erwachsenen Tiere die älter werdenden Jungtiere vom Hauptbau verdrängen und dominante Männchen männliche Jungtiere vertreiben. Häufiger indes, und insbesondere bei großen Familiengruppen, bleiben sie vorerst im Geburtsgebiet und verlassen die Familiengruppe erst im Alter von 2–3 Jahren.

Allerdings ziehen nicht alle Weibchen eines Clans immer erfolgreich Junge auf. In großen sozialen Gruppen kann es zwar vorkommen, dass mehrere Weibchen Würfe haben, sofern es genügend Platz im Hauptbau gibt. Allerdings toleriert das dominante Weibchen vielfach kein anderes trächtiges Weibchen neben sich und tötet zuweilen dessen Jungen. Daher weichen die jüngeren Weibchen oftmals in einen Nebenbau aus,

wo sie ihre Jungen gebären und aufziehen können. Es kann aber auch sein, dass ein Weibchen trotz Paarung nicht trächtig wird.

Generell ist die Jungensterblichkeit hoch. Ein Teil der Neugeborenen stirbt bereits kurz nach der Geburt und lediglich 30–60 % der Jungtiere überleben das 1. Lebensjahr. Jungdachse sind sehr anfällig für Erkältungen, an denen sie aufgrund von Feuchtigkeit und Durchzug im Bau erkranken können. Sind die Sommer sehr trocken, drohen sie zu verhungern. Weiter sind Raubfeinde, der Straßenverkehr und die Bejagung durch den Menschen tödliche Gefahren für die jungen Dachse (mehr dazu im Kapitel «Vom Leben und Sterben»).

Wovon sich Dachse ernähren

Dachse gehören zur Gruppe der Raubtiere, den sogenannten Carnivora. Doch der Dachs ist kein großer Jäger und ernährt sich von dem, was für ihn einfach erreichbar ist. Obwohl er ein gruppenlebendes Tier ist, geht er meist alleine auf die Suche nach Futter. Sehr gerne mag er Regenwürmer. Dabei handelt es sich meist um den Gemeinen Regenwurm (*Lumbricus terrestris*), der zu einer der größten Regenwurmarten gehört, die in Europa vorkommen, und bis zu 25 cm lang werden kann. Insbesondere in warmen und feuchten Nächten kriechen die Regenwürmer an die Oberfläche, um Pflanzenmaterial in ihre Röhren zu ziehen oder um sich zu paaren. Allerdings lassen sich die Regenwürmer nicht einfach widerstandslos erbeuten. Sie besitzen an jedem Segment ihres Körpers vier Borstenpaare, die ihnen zum einen dazu dienen, sich fortzubewegen und zum anderen, um ihr Körperende im unterirdischen Gang zu verankern, damit sie sich bei Gefahr sofort wieder zurückziehen können. Die Dachse haben aber gelernt, mit diesem Verteidigungskniff umzugehen. Findet der Dachs einen Regenwurm, packt er nicht einfach das lange Ende und zerrt daran, sondern er zieht den Wurm behutsam aus der Erde heraus, damit dieser nicht zerreißt und er ihn als Ganzes schlucken kann. Geübte Dachse können so innerhalb weniger Stunden Dutzende von Regenwürmern vertilgen. Dass der Regenwurm in den nördlichen Gebieten seines Verbreitungsgebietes einen Anteil von bis zu 50 % der Nahrung

Im Alter von 6 bis 8 Wochen wagen sich die Jungen erstmals aus dem Bau.

Die heranwachsenden Jungdachse halten sich immer mehr vor dem Bau auf, wo sie miteinander spielen und sich gegenseitig pflegen.

Nach und nach lernen die Jungtiere die unmittelbare Umgebung und den Geruch des Baues kennen.

ausmachen kann, verdeutlicht, wie wichtig er für Dachse als Nahrungsquelle ist. Da Regenwürmer zudem sehr viel Wasser enthalten, dienen sie gleichzeitig als Flüssigkeitslieferanten. Ein erwachsener Dachs nimmt täglich bis zu 500 g Futter auf, was 300 Regenwürmern von durchschnittlicher Größe entsprechen würde.

Auf der Suche nach Regenwürmern besucht der Dachs in Siedlungsräumen gerne Gärten und hinterlässt dabei Löcher im Rasen, die er mithilfe seiner kräftigen Schnauze gräbt. Für Gartenbesitzer:innen ist dies ein typischer Hinweis für die Anwesenheit von Meister Grimbart. Je älter ein ungedüngter Rasen ist, desto mehr dieser Proteinsnacks, aber auch Insekten wie Engerlinge oder Käfer wird er darin aufstöbern können. Schnecken, Wühlmäuse oder in Gebieten mit Kaninchen deren Jungtiere sowie ein saisonales Angebot an Pilzen, Nüssen, Beeren und Früchten ergänzen seinen umfangreichen Speisezettel. Auch Küchenabfälle auf Komposthaufen und sonstiger Müll gehören beim Siedlungsdachs dazu. Zudem erbeuten Dachse Igel, besonders im Sommer, wenn es sehr trocken ist und es daher weniger Würmer und Insekten gibt. Mit seinen langen Krallen ist der Dachs in der Lage, einen zur Kugel zusammengerollten Igel aufzurollen, um an die stachellose Bauchseite zu gelangen. Dachse plündern zudem Bienen- und Wespennester, deren Stiche ihnen aufgrund ihrer dicken Haut nicht viel anhaben können. Der Oktober ist der Monat, während dem die Dachse sehr viel fressen und beträchtlich an Gewicht zulegen. Dabei lagern sie im Unterhautgewebe Fettreserven ein, von denen sie in der nahrungsarmen Zeit während des Winters zehren können. Zudem sind diese Fettpolster eine sehr gute Isolation gegen die Kälte.

Feldfrüchte als neue Nahrungsquellen

Der ursprüngliche Lebensraum von Dachsen war eine reich strukturierte Landschaft mit lichten Laubmischwäldern und offenen Weidelandschaften. Doch im Zuge der intensivierten landwirtschaftlichen Tätigkeiten, die ab den 1960er-Jahren einsetzten, entstanden viele neue Ackerbaugebiete, in denen seither intensiv Getreide und insbesondere auch Mais angebaut wird. Als sehr anpassungsfähiges Tier hat der Dachs sein Nahrungsspektrum um diese Feldfrüchte erweitert, die heutzutage einen beträchtlichen Anteil seiner Nahrung ausmachen können, insbesondere in trockenen Perioden. Auch sein Vorstoßen in die Siedlungsräume und die Nutzung der dort vorhandenen Nahrungsquellen zeigt, wie relativ gut der Dachs auf Veränderungen in seinem Lebensraum reagieren kann.

In bestimmten Gebieten machen Kulturen wie Mais oder Weizen einen großen Anteil der Nahrung von Dachsen aus.

Wie die Dachse den Winter verbringen

In der kalten Jahreszeit wird das Futterangebot spärlicher. Daher reduzieren Dachse ihre Aktivität und verbringen mehr Zeit im Hauptbau, wo sie sich in den geräumigen Wohnkammern zusammenkuscheln. Allerdings halten sie keinen Winterschlaf wie zum Beispiel Siebenschläfer oder Murmeltiere, die ihre Körpertemperaturen und alle Körperfunktionen drastisch absenken, sondern eine Winterruhe. Während dieser schläfrigen Phase reduziert sich ihr Stoffwechsel mäßig und die Körpertemperatur sinkt nur um 2–3 °C ab, was den Dachsen aber dennoch erlaubt, Energie zu sparen und damit ihre Fettreserven zu schonen. Zuweilen unterbrechen sie diese Ruhephase, um Nahrung aufzunehmen. Wie häufig sie aufwachen und aktiv werden, hängt stark von den Witterungsbedingungen ab. Insbesondere bei sehr kalten Temperaturen und während der Zeit der kürzesten Tage sind die Dachse eher selten außerhalb des Baues anzutreffen. Auch die klimatischen Bedingungen spielen eine Rolle. Während sie zum Beispiel in Spanien und Portugal den ganzen Winter hindurch aktiv sein können, bleiben sie in Gebieten mit sehr harschen winterlichen Bedingungen wie in Russland monatelang im Bau. In Mitteleuropa sind sie an Wintertagen, wenn es die Witterung zulässt, in der Regel jeweils kurze Zeit aktiv.

Wie Dachse kommunizieren

Wie viele andere Tiere auch, kommunizieren Dachse miteinander über ihre Körpersprache. Um zum Beispiel größer zu wirken, richten sie sich auf oder sträuben ihre Haare. Sind sie verängstigt oder will ein Jungtier ein erwachsenes Tier besänftigen, machen sie sich klein und verstecken ihre Gesichtsmaske. Paarungswillige Männchen, die beeindrucken wollen, stolzieren mit steifen Beinen umher und bearbeiten mit ihren Hinterpfoten den Boden. Auch ihr Repertoire an Lautäußerungen ist recht umfangreich. Erwachsene Tiere schnurren, grunzen, keckern, bellen oder knurren;

Futterstellen, die eigentlich für andere Tiere gedacht sind, sind auch für Dachse attraktiv.

Nachts besuchen Dachse gerne Gärten, wo sie nach Regenwürmern und Engerlingen graben und dabei Löcher im Rasen hinterlassen.

Dachse können innerhalb weniger Stunden Dutzende von Regenwürmern vertilgen.

Während der kalten Jahreszeit halten die Dachse Winterruhe, die sie zuweilen für kurze Ausflüge unterbrechen, wenn es die Witterung erlaubt.

Jungtiere zirpen, fiepen, glucksen, quieken und jammern. Dabei sind die ausgestoßenen Laute mal lauter, mal leiser, mal höher, mal tiefer. Während des Spielens kommunizieren sie am vielfältigsten und bei Streitereien kann es ziemlich laut zugehen. Das Muttertier und die Jungen halten über Gurren bzw. Fiepen oder Glucksen Kontakt. Ein verletzter oder erschrockener Dachs schnaubt, schreit oder quiekt, ein wütender Dachs faucht, brummt, knurrt oder keckert. Möchte sich ein Männchen

Dachse markieren sich gegenseitig mit ihren Analdrüsen, ein Verhalten, das den Zusammenhalt in der Gruppe stärkt.

paaren, ruft er mit speziellen Gurrlauten in die Baueingänge, die er auch im direkten Kontakt mit dem Weibchen und während der Paarung verlauten lässt. Da diese Gurrlaute individuell unterschiedlich sind, nutzen die Weibchen diese möglicherweise dazu, die einzelnen Paarungspartner zu unterscheiden und ihnen unbekannte Männchen zu identifizieren. Ist ein Männchen zu aufdringlich, wehrt das Weibchen ihn mit schrillen Lauten ab.

Da Dachse einen sehr ausgeprägten Geruchssinn haben, verständigen sie sich hauptsächlich über Gerüche und Duftmarken. Die auffälligsten Markierungsstellen sind die sogenannten Latrinen. Das sind Ansammlungen von flachen Gruben mit einem Durchmesser von ca. 10–20 cm und einer Tiefe von 5–30 cm, in die jeweils mehrere Individuen Kot und Urin zusammen mit Sekreten aus der Anal- und der Unterschwanzdrüse absetzen. Jede Latrine kann aus mehreren Hundert Gruben bestehen und eine Fläche von bis zu 400 m^2 umfassen. Diese Latrinen befinden sich am Rand des Territoriums entlang eines gut begangenen Pfades meist in der Nähe von auffälligen Orientierungspunkten, wie zum Beispiel großen Bäumen, Pfadkreuzungen oder Zäunen, und werden ebenfalls von benachbarten Gruppen benutzt. Im Inneren des Territoriums finden sich kleinere Latrinen, die nur die Familienmitglieder nutzen, in erster Linie die Weibchen und die Jungtiere, während die Männchen hauptsächlich diejenigen am Rand nutzen. Auch im Bau selbst befinden sich Latrinen. Diese nutzen die Dachse während des Winters, wenn sie den Bau kaum verlassen, und die Weibchen, während sie ihre Jungen säugen.

Latrinen markieren jedoch nicht nur die Grenze des Verbreitungsgebietes der Gruppen, sondern dienen auch dem Austausch von Geruchsinformationen innerhalb der Gruppe. Die Latrinen werden im Frühjahr am aktivsten genutzt, wenn die Paarungsaktivität ihren Höhepunkt erreicht, sowie in der Zeit der Jungenaufzucht. Die Dachse untersuchen Latrinen dann häufig und intensiv, indem sie daran schnüffeln und dabei oft ihr Vomeronasalorgan, ein spezielles Geruchsorgan am Gaumen, einsetzen. Die von den Schwanz- und Analdrüsen abgesonderten Drüsensekrete enthalten Informationen über das Geschlecht und den Fortpflanzungsstatus eines Individuums. Zudem können die Dachse anhand dieser Duftmarkierungen Familienmitglieder von Nachbarn oder fremde Dachsen erkennen. Das Sekret der Unterschwanzdrüse verwenden Dachse am häufigsten, um den Eingang zu ihrem Bau, ihre Pfade und ergiebige Futterstellen zu markieren. Sie salben sich damit auch gegenseitig den Rücken oder das Hinterteil ein, ein Verhalten, das den Gruppenzusammenhalt stärkt. Vor allem Jungtiere und Paarungspartner erhalten solche Duftmarken. Sie setzen das Verhalten ebenfalls ein, um einander bei Streitereien zu beschwichtigen.

Wo Dachse leben

Die Landschaften in Europa haben eine wechselvolle Geschichte hinter sich. Neuere Analysen von Pflanzenpollen weisen darauf hin, dass über gut 100 000 Jahre lichte Wälder und offene, von Seggen und Gras dominierte Flächen mit Einzelbäumen die Landschaften dominierten. Doch vor 50 000 Jahren begann das vom Menschen verursachte Aussterben der großen Pflanzenfresser wie Auerochsen oder Elefanten,

Dachse legen sogenannte Latrinen an. Das sind Ansammlungen von kleinen Gruben, in die sie Kot und Urin absetzen. Damit markieren sie das Territorium und tauschen Geruchsinformationen aus.

was zur Folge hatte, dass auf diesen Flächen vermehrt Wälder entstanden. Mit der Zunahme der menschlichen Bevölkerung, der Ausbreitung von Siedlungen und der Landwirtschaft sowie der intensiven Nutzung von Holz in den letzten Jahrhunderten sind viele dieser ausgedehnten Wälder wieder verschwunden und an deren Stelle vermehrt Wiesen und Weideland entstanden. Im 20. Jahrhundert schließlich hat sich die Landschaft aufgrund der Intensivierung der Landwirtschaft nochmals stark gewandelt. Doch dank ihrer Anpassungsfähigkeit konnten die Dachse trotz der teilweise drastischen Veränderungen der Landschaften im Verlaufe der Jahrtausende überleben. Heutzutage besiedeln Dachse in ihrem Verbreitungsraum von Europa bis Westasien Lebensräume von den Meeresküsten bis hin zu Bergregionen und Voralpengebieten in Höhen bis 2000 m und in neuerer Zeit gar Siedlungsräume und Städte (**mehr dazu im Kapitel «Der Dachs in der heutigen Welt», im Abschnitt «Der Dachs wird zum Städter»**).

Wo Dachse wohnen: Der Dachsbau

Dachse sind bekannt dafür, dass sie sehr gut graben können und weitverzweigte Baue anlegen. Der Bau spielt eine wichtige Rolle im Leben einer Dachsfamilie, da sie bis zu 70 % der Zeit darin verbringt. Vom Frühling bis zum Herbst verschlafen die Dachse hier jeweils den Tag. Nachts dienen ihnen die Aufenthaltsplätze vor den Eingängen als soziale Treffpunkte. Ab dem Frühjahr wird der Bau zum Spielfeld der Jungen. Im Winter verlassen die Dachse den Bau schließlich kaum noch und wenn, dann lediglich für kurze Zeit.

Nicht selten nutzt die Dachsfamilie ihren Bau über Generationen hinweg. Daher können Dachsbaue mehrere Jahrzehnte alt sein. Und da die Dachse den Bau stetig erweitern, kann er enorme Ausmaße annehmen, vor allem in Waldgebieten. So wiesen in der Schweiz bei Genf untersuchte Baue mehrere Dutzend Eingänge und ein Tunnelsystem von mehreren Hundert Metern auf. Und gemäß Guiness Buch der Rekorde soll ein in England untersuchter Bau Spitzenreiter sein: Er umfasste 50 Kammern und 178 Eingänge, die durch Tunnel von insgesamt über 800 m Länge miteinander verbunden waren. James Lowen wiederum beschreibt in seinem Buch über Dachse einen Bau, der über 475 Jahre aktiv gewesen sein soll. Einen sensationellen Fund eines Bausystems machten Forscher:innen in Pesede, das in Mecklenburg-Vorpommern im Nordosten Deutschlands liegt. Bei Grabungen von 1968 bis 1971, und später 2017, legten sie an einem steilen Hügel ein riesiges Bausystem teilweise frei, das seit der letzten Eiszeit von verschiedensten Tierarten, so auch von Dachsen, genutzt wurde und über 40 Tonnen umgegrabene Erde enthielt. Mithilfe einer neuen Messmethode konnten die Forscher:innen das System schließlich auf ein Alter zwischen 12 000 und 16 000 Jahre datieren.

Baue sind an den unterschiedlichsten Orten zu finden. Es gibt allerdings Faktoren, die für die Wahl des Standortes stimmen müssen: Ein Boden, der zum Graben

Dachse sind sehr anpassungsfähig und finden trotz der Intensivierung der Landwirtschaft, die in den letzten Jahrzehnten stattgefunden hat, in vielen Gebieten immer noch geeignete Lebensräume.

geeignet ist, eine Hanglage, die sowohl einen guten Wasserabfluss garantiert als auch beim Verschieben des Aushubmaterials hilft und schließlich eine dichte Vegetation, die Schutz bietet. Waldgebiete und Waldränder sind daher gut geeignete Standorte, insbesondere in Laubwäldern. In landwirtschaftlich geprägten Gebieten graben Dachse den Bau oftmals unter einer Hecke oder in kleinen Gehölzen. Fehlen diese, legen sie ihn durchaus auch auf offenen Flächen an. In Siedlungsräumen nutzen sie Friedhöfe, Gärten oder sogar leere Gebäude. Auch in Rohren oder Betonspalten wurden schon Baue gefunden.

Dachse bevorzugen reich strukturierte Lebensräume mit Weiden, Wiesen, Gehölzen und Wald.

Der Bau ist der Lebensmittelpunkt der Dachsfamilie. Hier verschlafen die Dachse den Tag und nachts ist er Treffpunkt für soziale Aktivitäten. Die jungen Dachse erkunden von hier aus ihre Umwelt.

In ihrem Streifgebiet nutzen Dachse meist mehrere Arten von Bauen. Man unterscheidet zwischen dem Hauptbau, den sie dauerhaft bewohnen und zur Aufzucht der Jungtiere nutzen, und den Nebenbauen, in denen sich die Dachse etwas weniger oft aufhalten. Diese Nebenbaue liegen in Distanzen von 50 bis 150 m vom Hauptbau entfernt. Die größeren mit vielen Eingängen sind über Pfade mit dem Hauptbau verbunden, die kleineren mit wenigen Eingängen hingegen nicht. Weiter entfernt vom Hauptbau liegen sehr kleine Baue mit nur einem oder zwei Eingängen, die die Dachse nur sporadisch nutzen. Sind sie verwaist, ziehen oftmals andere Tiere wie Füchse oder kleine Nagetiere ein (mehr dazu im Abschnitt «Untermieter im Dachsbau»).

Der Hauptbau besteht meist aus mehreren Eingängen, die zuerst steil und dann flacher in ein weit verzweigtes System aus unterirdischen Gängen und Wohnkammern, sogenannten Kesseln, führen. Der Bau kann bis in eine Tiefe von 2 m reichen, sodass die Tiere auch bei kalter Witterung geschützt sind. Die Kessel sind über den Bau verteilt angelegt. Die Dachse nutzen diese alleine oder gemeinsam zum Ruhen und Schlafen, wechseln sie jedoch immer wieder, wodurch sie den Befall mit Parasiten wie Flöhen und Läusen gering halten können.

Um beim Schlafen warm zu liegen, polstern die Dachse die Kessel mit trockenem Laub, Gras oder Moos aus. Während trockener Perioden sammeln sie dieses Material in der Umgebung und rollen es zu Haufen, die sie eingeklemmt zwischen Vorderpfoten, Kinn und Brust und oft rückwärtsgehend zum Bau und in die Kammern schaffen. Besonders häufig tragen sie die Polsterware im späteren Herbst ein, ebenso im Februar und März, wenn sie den Kessel für die Geburt der Jungen vorbereiten. Dabei bugsieren sie auch regelmäßig altes Material aus dem Bau und ersetzen es durch neues, vermutlich auch, um Parasiten loszuwerden. Allerdings beteiligen sich nicht alle Gruppenmitglieder gleichermaßen am Unterhalt des Baues. Vor allem die Männchen und Weibchen, die schon lange im Bau leben, erledigen das Graben und das Eintragen des Polstermaterials.

Ein interessantes Verhalten haben deutsche Forscher in einem Gehege mit drei Dachsen beobachtet. Diese Dachse trugen grünes Pflanzenmaterial und feuchtes Laub ein, das man ihnen angeboten hatte, und bauten damit einen mehrschichtigen Haufen. Als sich das Material mit der Zeit zersetzte, entstand Wärme. Sanken die Temperaturen, rückten die Dachse ihre Schlafnester näher zum Haufen hin, während sie die Nester bei steigenden Temperaturen wieder weiter wegrückten. Daher

Dachse nutzen ihre Baue über Generationen hinweg. Daher können sie enorme Ausmaße annehmen und zahlreiche Eingänge aufweisen, die ins unterirdische Gangsystem führen.

Ihren Bau legen Dachse meist an Orten an, die an Hängen liegen, wo sie gut graben können und wo Deckung durch die Vegetation vorhanden ist.

In dieser Bilderserie einer Wildtierkamera ist schön zu sehen, wie der Dachs gesammeltes, trockenes Polstermaterial zu einem Haufen bündelt und diesen rückwärts in den Bau einträgt.

betrachteten die Forscher den Haufen als eine Art «Bio-Heizung», mit der die Dachse ihre Schlafkammern warm hielten.

Einen aktiven Hauptbau erkennt man an den großen Erdhügeln aus frischem Erdreich und den Rinnen, die entstehen, wenn die Dachse den Aushub aus dem Bau schaufeln. Im Verlaufe der Zeit bewegen Dachse durch ihre emsige Grabtätigkeit Tonnen von Erdmaterial, wodurch sich die Topografie des Baustandortes ziemlich verändern kann. Zwischen den vielen Eingängen des Baues gibt es zudem gut genutzte Aufenthaltsplätze, die durch stark ausgetretene Pfade verbunden sind.

Untermieter im Dachsbau

Der Dachsbau beherbergt oft nicht nur die Dachsfamilie, die ihn gegraben hat, sondern auch viele andere Arten. Denn zum einen verändern die Dachse durch ihre Grabtätigkeit das Gelände und schaffen so Lebensraum für andere Wildtiere. Zum anderen finden viele Arten in den über die Jahre entstandenen, weitläufigen Bauen Schutz und Unterkunft. Je nach Gebiet, in dem die Dachse leben, unterscheiden sich teilweise die Untermieter. In Italien konnte man an Bauen unter anderem ganzjährig Stachelschweine, Florida-Waldkaninchen und Nutrias beobachten, während in Polen insbesondere im Winter auch Marderhunde gesichtet wurden. Häufig trifft man Füchse, Baum- und Steinmarder, Wildkaninchen, Waldmäuse oder Ratten an. Scher- oder Feldmäuse bauen zuweilen gleich selbst mit, indem sie die Tunnel mit Seitengängen erweitern und dort ihre Nester einrichten. Doch nicht nur aktive Baue ziehen andere Wildtiere an, auch verlassene Dachsbaue bleiben wertvolle Unterschlüpfe und werden gerne von Wildkatzen, Iltissen, Fischottern, Mangusten, Wölfen oder Goldschakalen und Kleinsäugern bewohnt. Und im Albera-Massiv in Spanien überlebten zahlreiche Griechische Landschildkröten einen Waldbrand, weil sie in einem Dachsbau Schutz vor dem Feuer gefunden hatten.

Wohngemeinschaft zwischen Dachs und Fuchs

Das Zusammenleben zweier Raubtierarten ist vermutlich nicht immer einfach, besonders, wenn sie ähnliche Ernährungsgewohnheiten haben. Dennoch trifft man den Fuchs recht häufig als Untermieter bei den Dachsen an, insbesondere bei großen Bauen. Wie andere Tiere profitieren auch die Füchse dabei von den exzellenten Grabfähigkeiten der Dachse. Im Gegensatz zu den Dachsen nutzen die Füchse den Bau meist nur während der Jungenaufzucht zu Beginn des Jahres, zuweilen auch während des Winters. Und anders als bei den Dachsen, die aufgrund ihrer Nahrungsvorlieben kaum Essensreste herumliegen lassen, findet man bei den Eingängen der Füchse häufig Überbleibsel von Beutetieren oder sogar Schuhe, die die Elterntiere anschleppen, um den Spieltrieb der Jungmannschaft zu stillen. Den Dachsen äußerst lästig werden können Ektoparasiten wie Flöhe und Milben, die die

Füchse befallen. Umgekehrt allerdings auch. Doch vermutlich profitieren die Füchse mehr von dieser Wohngemeinschaft als die Dachse und scheinen deren Anwesenheit manchmal fast zu suchen. Da beide Arten ähnliche Nahrungsquellen nutzen, lohnt es sich für die Füchse den Dachsen zu folgen. Und da die Fuchswelpen wie auch die Dachswelpen sehr empfindlich gegenüber kalten Temperaturen sind, bietet der Dachsbau den Füchsen einen warmen Platz für die Jungenaufzucht.

Die meisten Begegnungen zwischen Füchsen und Dachsen verlaufen indes friedlich. Beide scheinen die Gegenwart des anderen zu akzeptieren, zumeist ignoriert man sich sogar gegenseitig. Das hat den Vorteil, sich nicht auf energieraubende Konflikte einlassen zu müssen. Treten dennoch Konflikte zwischen ihnen auf, dominiert oft der doch etwas rabiatere und schwerere Dachs die Auseinandersetzung. Er

Aktive Baue kann man gut an den Erdhügeln mit den typischen Rinnen erkennen. Diese entstehen, wenn die Dachse den Aushub aus dem Bau schaufeln.

reagiert mit kurzen, drohenden Angriffen, zumeist ohne Körperkontakt, und verjagt den Fuchs. Allerdings wissen sich Füchse durchaus zu wehren. Insbesondere, wenn die Dachse ihren Jungen zu nahe kommen, greifen auch sie an. Es wird zudem berichtet, dass sie sich gegenseitig die Welpen töten können, wenn extreme Trockenheit und damit Futterknappheit herrscht.

Füchse sind oft Untermieter im Dachsbau.
Begegnungen verlaufen meist friedlich.

Vom Leben und Sterben

Wie alt werden Dachse?

Das Durchschnittsalter, das Dachse erreichen, liegt bei 3–4 Jahren. Dies ergab eine Langzeitstudie bei Wytham in der Nähe von Oxford in England, wo eine der bisher umfassendsten Langzeitstudien zu Dachsen durchgeführt wird. Das älteste Tier, das die Forscher:innen in dieser Dachspopulation beobachten konnten, starb mit 15 Jahren. Nur ein Drittel der Dachse von Wytham wurde älter als 5 Jahre, 18 % der Tiere erreichten ein Alter von 8 Jahren und nur wenige Tiere wurden älter als 10 Jahre. Möglicherweise können Dachse aber über 20 Jahre alt werden. Für Jungdachse ist das Leben am gefährlichsten. Nur etwa 30 bis 60 % der Jungtiere überleben das 1. Lebensjahr. Danach liegt die jährliche Sterblichkeitsrate, also der Anteil der Tiere, die in einem Jahr sterben, bei Männchen bei 30 % und bei Weibchen bei 24 %. Unter anderem haben Männchen vermutlich ein höheres Risiko zu sterben, weil sie während der Fortpflanzungszeit gegeneinander um die Gunst der Weibchen kämpfen.

Natürliche Gefahren für Dachse

Die natürlichen Feinde des Dachses sind der Wolf, der Luchs und der Braunbär. Auch Parasiten, Krankheiten und vom Menschen verursachte Gefahren können zum Tod von Dachsen führen. Woran ein Dachs gestorben ist, ist oftmals schwierig zu bestimmen, denn verletzte oder geschwächte Tiere ziehen sich häufig zurück, zum Beispiel in ihren Bau. Stirbt das Tier schließlich im Bau, wird man es kaum finden. Aus diesem Grund kennt man die Todesursache bei Dachsen nur in seltenen Fällen.

Parasiten und Krankheiten

Die Widerstandsfähigkeit gegenüber Krankheiten und Parasiten ist individuell. Genauso wie Fressfeinde vor allem alte und schwache Tiere erbeuten, treffen Krankheitserreger oft nicht alle Tiere in einer Gruppe gleich stark. Dabei spielt zum Beispiel das Alter, der Gesundheitszustand oder auch die Abwehrkraft gegenüber bestimmten Krankheitserregern, die durch die Gene beeinflusst ist, eine wichtige Rolle. Krankheiten sind aber nicht nur dann ein Problem, wenn sie ausbrechen, sondern auch dann, wenn sie vom Immunsystem unterdrückt werden. Denn das betroffene Tier braucht dafür sehr viel Energie, die ihm dann für andere Körperfunktionen, z. B. für die Fortpflanzung, fehlt. Allerdings scheinen Dachse allgemein ziemlich widerstandsfähig zu sein und eher selten krank zu werden. Im Folgenden sind die Parasiten und Krankheiten, die Dachse befallen können, grob in vier Kate-

gorien unterteilt: Ekto- und Endoparasiten, virale Infekte sowie bakterielle Infekte. Die Auflistung ist nicht vollständig, da dies den Rahmen dieses Buches sprengen würde.
Ektoparasiten befallen die Körperoberfläche der Dachse. Die wichtigsten Vertreter bei den Dachsen sind Läuse (besonders *Trichodectes melis*), Flöhe (vor allem *Paraceras melis*) und Zecken der Gruppe *Ixodes sp.* Die wissenschaftlichen Artnamen dieser Ektoparasiten – *melis* – deuten auf ihren häufigsten Wirt hin, den Dachs *Meles meles*. Bei einer Untersuchung aus der Schweiz mit 160 toten Dachsen hat man bei 88,4 % der Tiere mindestens einen Ektoparasiten gefunden. Dabei waren 76 % der Tiere mit Läusen befallen, gefolgt von 57,5 % mit Zecken und 19,7 % mit Flöhen. Allerdings war die Parasitenlast in dieser Untersuchung generell gering. Das heißt, dass pro Dachs nur wenige Parasiten gefunden wurden. Zudem gab es saisonale Unterschiede, wobei die Tiere im Sommer mehr Parasiten aufwiesen als im Winter. Man kann also davon ausgehen, dass die Dachse immer mit ein paar Parasiten leben müssen. Solange die Last nicht zu groß wird, sind die Parasiten für die Dachse kaum lebensbedrohlich.
Endoparasiten befallen die inneren Organe der Dachse. Die wichtigsten Vertreter bei den Dachsen sind Nematoden, Cestoden, Trematoden und Acanthocephala.

Es gibt viele Viren, die Dachse infizieren können. Nicht bei allen ist eine Infektion äußerlich sichtbar. Hier konzentrieren wir uns auf zwei für Wildtiere tödliche Viren: das Staupe-Virus und das Tollwut-Virus. Seit 2007 traten in Europa vermehrt Staupe-Fälle auf, in der Schweiz seit 2009. Typische Symptome der Staupe sind allgemeine Schwäche, Nasen- und Augenausfluss sowie Husten. Oft kommen Fieber, Erbrechen und Durchfall dazu. Bei Füchsen endet die Erkrankung häufig tödlich. Dass sich Dachse mit Staupe anstecken können, haben zwar verschiedene Studien gezeigt, doch wie sie sich bei ihnen auswirkt, ist schwierig zu erfassen. Für den Menschen ist die Staupe nicht gefährlich. Anders ist dies bei der Tollwut. Die Tollwut verläuft bei einem Ausbruch fast immer tödlich. Übertragen wird die Tollwut durch den Speichel von infizierten Tieren. Typische Symptome sind eine erhöhte Bissbereitschaft und ein erhöhter Speichelfluss. Dachse selbst scheinen etwas weniger anfällig für Tollwut zu sein als andere Arten, wie zum Beispiel Fuchs, Marderhund oder Steinmarder. Sind sie infiziert, zeigen sie zum Beispiel kein aggressives Verhalten, wie dies für die kleineren Marderartigen typisch ist. Leider haben Dachse stärker unter den Maßnahmen gelitten, die in den 1970er- und 1980er-Jahren in Europa ergriffen wurden, um die damals grassierende Tollwutepidemie zu bekämpfen, als unter der Krankheit selbst. Hauptüberträger der Tollwut waren Füchse. Daher wurden in Westeuropa Baue vergast, um die Füchse zu töten. Da Fuchs und Dachs die Baue häufig teilen, kamen bei den Vergasungen auch viele Dachse ums Leben. Dank groß angelegter Impfaktionen ist Westeuropa heute frei von der terrestrischen Tollwut.

Folgende bakteriell verursachte Infektionen wurden in Dachsen gefunden (die Liste ist nicht vollständig): Salmonellose, Toxoplasmose, Babesiose, Trichinose, Mykoplasmose, Ehrlichiose, Bartonellose sowie Infektionen durch Trypanosomen, Archaeen, Rickettsien. Eine weitere, und zugleich die am besten erforschte bakterielle Erkrankung beim Dachs ist die Rindertuberkulose. Verursacht wird sie durch das Bakterium *Mycobacterium bovis*. Während in Zentraleuropa jedes Jahr nur vereinzelt Fälle von Rindertuberkulose auftreten, scheint die Krankheit in Großbritannien weiter verbreitet zu sein. Dachse können ein Reservoir von *Mycobacterium bovis* sein (mehr dazu im Input «Rindertuberkulose in Großbritannien und Europa»).

Vom Menschen verursachte Gefahren für den Dachs

Die menschengemachten Gefahren können grob in drei Kategorien eingeteilt werden: Jagd, Straßenverkehr sowie die Zerstörung von Lebensraum und Bauen.

Das Thema Jagd wird im Abschnitt «Jagd auf den Dachs einst und heute» detailliert ausgeführt, daher werden wir hier nicht genauer darauf eingehen.

Straßenverkehr

Tödliche Kollisionen mit Fahrzeugen sind bei Dachsen leider häufig. In einer Studie aus den Niederlanden machte der Straßenverkehr 25 % aller Todesfälle bei den Dachsen aus, wobei im März die meisten Tiere durch den Straßenverkehr starben. Im März ist die Paarungszeit in vollem Gange, weshalb die Dachse viel unterwegs sind, dies auch auf den Straßen, was vermehrt zu Unfällen führt. Außerdem legen dann sowohl weibliche als auch männliche Dachse auf ihren nächtlichen Touren weitere Distanzen zurück, was die Wahrscheinlichkeit für Kollisionen erhöht und so die höhere Zahl an Straßenopfern erklären könnte. Die wenigsten Todesfälle wurden im Dezember, Januar und Februar verzeichnet. Dies ist auch die Zeit, in der sich die Dachse in der Winterruhe befinden und am seltensten Straßen überqueren. Neben der Kollision mit Fahrzeugen können Straßen wie zum Beispiel Autobahnen für Dachse auch unüberwindbare Hindernisse darstellen, wenn sie aufgrund eines ständig großen Verkehrsaufkommens nicht überquert werden können. Dadurch wird der Lebensraum der Dachse und anderer Wildtiere zerschnitten und somit kleiner. Längerfristig kann dies zur Isolation von Populationen, zur genetischen Verarmung und zum lokalen Aussterben führen. Bei größeren Straßen wie zum Beispiel Autobahnen können Wildtierbrücken oder -unterführungen eine Maßnahme sein, um Unfälle zu reduzieren und die Vernetzung des Lebensraums zu verbessern. Schwieriger ist dies auf kleineren, ländlichen Straßen umzusetzen, da solche Maßnahmen sehr teuer sind. Eine andere Möglichkeit, Unfälle zu reduzieren, ist eine Tempo-Reduktion in der Dämmerung und in der Nacht, wenn die meisten Wildtiere und die wenigsten Menschen unterwegs sind.

Zerstörung von Bauen

Weitere Gefahren drohen durch die Blockade von Baueingängen und die Zerstörung von Bauen. Dies wird vor allem in städtischen Regionen und landwirtschaftlich genutzten Flächen praktiziert, wenn Schäden durch Dachse entstanden sind. Allerdings sollte man Dachsbaue nur dann verschließen, wenn keine andere Möglichkeit besteht, Konflikte zu vermeiden. Denn Baue sind sehr wichtige Orte für die Dachse, die von Dachsfamilien über mehrere Generationen genutzt werden. Muss ein Bau dennoch verschlossen werden, so muss dies von einer Fachperson durchgeführt werden. Diese muss vorab sicherstellen, dass sich kein Tier mehr im Bau befindet.

Zerstörung des Lebensraums

Damit Dachse gedeihen, brauchen sie zusammenhängende Lebensräume, in denen sie sich möglichst gefahrlos bewegen können. Die Lebensräume müssen ihnen zudem genügend Nahrung und gute Standorte für Baue bieten. Allerdings werden solche Lebensräume immer seltener, weil die Zersiedelung und innerhalb der Siedlungsräume die bauliche Verdichtung stetig zunimmt. In den ländlichen Gebieten finden Dachse wegen der Intensivierung der Landwirtschaft, die zu ausgeräumten Landschaften führt, immer weniger Lebensräume, die diese Qualitäten aufweisen.

Was ist zu tun, wenn man einen verletzten oder kranken Dachs findet?

Am besten beobachtet man das Tier auf Distanz, um abzuschätzen, wie sein Gesundheitszustand ist. Falls das Tier krank, verletzt oder sehr geschwächt scheint, sollte man mit einer Fachstelle Kontakt aufnehmen. Je nach Region bzw. Land kann dies die Wildhut, die Jägerschaft, eine Wildtier-Auffangstation oder eine Tierrettungs-Organisation sein. Auf keinen Fall sollte man den Dachs anfassen, mit Medikamenten versorgen oder füttern.

Der Straßenverkehr ist leider eine häufige Todesursache für Dachse.

Input

Rindertuberkulose in Großbritannien und Europa

Rindertuberkulose ist eine chronische, bakterielle Infektionskrankheit, die von Mykobakterien übertragen wird. Dachse können ein Reservoir von *Mycobacterium bovis* sein, und da beide Tierarten dieselben Weiden nutzen, können sich Rinder bei Dachsen anstecken – und umgekehrt. Allerdings ist das Risiko einer Übertragung zwischen Dachs und Rind gering. Der Hauptübertragungsweg der Rindertuberkulose ist via Tröpfchenübertragung von Rind zu Rind. Dachse, die sich mit der Rindertuberkulose angesteckt haben, zeigen kaum Symptome und können jahrelang mit der Krankheit leben.

In Großbritannien wird sehr viel über die Rolle des Dachses an der Übertragung der Rindertuberkulose geforscht. Dachse werden in Großbritannien in Gebieten, wo Rindertuberkulose nachgewiesen wurde, gezielt getötet, um die weitere Verbreitung zu stoppen. Die Effektivität dieser Praxis ist jedoch sehr umstritten. Wissenschaftliche Studien weisen darauf hin, dass dies gar kontraproduktiv sein könnte. Durch das Töten von Dachsen in einem Gebiet mit infizierten Rindern kommt es in der Folge zu einer erhöhten Durchmischung der Dachspopulation. Denn wird eine Familiengruppe ausgelöscht, wird das freie Territorium schnell von benachbarten Dachsen besiedelt, was wiederum zu einer erhöhten Wanderaktivität von allen umliegenden Familien führt und die Verbreitung der Krankheit begünstigen kann. Aktuell plant die Regierung von Großbritannien, die Tötungen der Dachse bis 2029 zu stoppen. Im Rahmen der Bekämpfung der Rindertuberkulose wurden in England alleine bereits circa 225 000 Dachse getötet. Fortan soll vermehrt auf die Impfung von Dachsen gegen Rindertuberkulose gesetzt und außerdem eine neue Impfung für Rinder entwickelt werden. Das Problem der aktuellen Impfung ist, dass die Verabreichung der Impfdosis die Rinder für den Tuberkulin-Hauttest sensibilisiert. Das heißt, man kann anschließend nicht mehr zwischen infizierten und geimpften Tieren unterscheiden. Das Fleisch von Rindern muss jedoch einen negativen Tuberkulin-Test aufweisen, damit es verkauft werden kann. Dieser Nachweis kann bei einem geimpften Tier nicht mehr erbracht werden.

Deutschland, Österreich und die Schweiz gelten als frei von der Rindertuberkulose, abgesehen von einzelnen Fällen, vermutlich weil es Kontakte mit Wildtieren gab oder die durch Importe verursacht wurden.

Mensch und Dachs

Der Dachs in unserer Kultur

Mensch und Dachs – eine uralte Beziehung

Die Beziehung zwischen Dachs und Mensch ist sehr alt. So wurden an verschiedenen archäologischen Stätten Hinweise auf die jagdliche sowie kulturelle Nutzung von Dachsen gefunden. In neolithischen Seeufersiedlungen, wie zum Beispiel in einer rund 5400 Jahre alten Fundstelle bei Arbon am Bodensee in der Schweiz, werden regelmäßig Überreste von Dachsen nachgewiesen. Auf eine jagdliche Nutzung dieser Tiere weisen Schnittspuren auf ausgegrabenen Dachsknochen sowie stark fragmentierte Schädel hin, aus denen vermutlich das Gehirn entnommen wurde. Daneben legen bestimmte Schleif- und Politurspuren an einigen gefundenen Unterkieferresten von Dachsen nahe, dass man diese als Anhänger und Amulette benutzte. Die kulturelle Bedeutung des Dachses konnte man auch durch die Funde im rund 2500 Jahre alten keltischen «Fürstengrab» von Eberdingen-Hochdorf (Baden-Württemberg) aufzeigen. Die im Grab gefundenen, hochwertig verarbeiteten Textilien enthalten unter anderem Dachshaar, wobei verschiedene Haartypen des Dachsfells gezielt für verschiedene Textilteile eingesetzt wurden.

Auch haben Dachse schon seit jeher Eingang in verschiedene Sagen, Mythen und Geschichten der Menschen gefunden. In der nord- und mitteldeutschen Mythologie zum Beispiel ist der Dachs Teil des Gefolges von Frau Harke – sie entspricht der Frau Holle im Märchen der Gebrüder Grimm. Der Dachs wird dabei als «elbisches Wesen» mit nur einem Auge und drei Beinen beschrieben. Auch in mittelalterlichen und modernen Fabeln wie dem paneuropäischen Literaturkreis «Roman de Renart» oder «Reynard the Fox» taucht der Dachs immer wieder auf. Die im deutschsprachigen Raum bekannteste Fassung dieser Fabel ist das Epos «Reineke Fuchs» von Johann Wolfgang von Goethe. Hier tritt der Dachs als Meister Grimbart auf und ist der Neffe von Reineke Fuchs. In neuerer Zeit kennen wir Dachse aus den wunderschön illustrierten Geschichten von Beatrix Potter. Auch die Figuren «Dominik Dachs» und «Max der Dachs» haben sicher viele von uns durch die Kindheit begleitet.

In Fabeln gelten Dachse in der Regel als eher ruhig und nachdenklich. Deshalb mag der liebevoll tadelnde Ausdruck «Frechdachs» für ein vorlautes Kind eher überraschen. Doch dieser Ausdruck leitet sich womöglich nicht vom Dachs selbst ab, sondern vom Dackel, der mit anderem Namen auch Dachshund heißt. Diese Hunderasse wurde ursprünglich für die Jagd auf Dachse gezüchtet. Das Angreifen der größeren und wehrhaften Dachse im dunklen, unterirdischen Bau erfordert von einem Hund viel Mut. Daher hat diese Hunderasse den Ruf, besonders mutig oder eben frech zu sein.

Der Dachs als «grabende Apotheke»

Lange Zeit ist man dem Dachs mit viel Irrglaube und sogar Aberglauben begegnet. In der Volksmedizin galt Dachsfett als eine Art Universalheilmittel für Menschen und Pferde und man behandelte unterschiedlichste Leiden wie zum Beispiel Seitenstechen, Wunden und Tuberkulose mit Dachsfett. Auch anderen Organen und Körperteilen des Dachses wurde, und wird teilweise heute noch, eine heilende und schützende Wirkung zugeschrieben. Dachsleber als Suppe soll zum Beispiel gegen Mundgeruch wirken und unter den Stadtmauern vergraben soll sie vorbeugend gegen Pest und Feuer wirken. An der Kleidung befestigte Dachspfoten oder an das Pferdegeschirr befestigtes Dachsfell wiederum soll Zauber abwenden.

Auch sonst rankten sich viele aus heutiger Sicht skurrile Geschichten um den Dachs. So hat zum Beispiel Conrad Gessner – einer der Begründer der modernen Zoologie – in seinem im Jahr 1669 erschienenen «Thier-Buch» neben vielen heute noch als korrekt angesehenen Fakten über den Dachs auch Dinge geschrieben, von denen wir heute eindeutig wissen, dass sie falsch sind. So seien die Beine des Dachses auf der linken Seite kürzer als auf der rechten. Zudem gäbe es zwei Arten von Dachsen, den «Hunds-Dachs» und den «Sau-Dachs», die ihren Namensvettern entsprechende Eigenschaften aufwiesen. Dazu, wie die Dachse ihre Baue graben, schreibt er sinngemäß: Ein Dachs der Clans legt sich im Bau auf den Rücken, damit die anderen Dachse ihn mit der abgetragenen Erde beladen können. Der mit Erde beladene Dachs wird dann von seinen Artgenossen mit dem Maul an den Füßen aus dem Bau hinausgezogen und so die Erde aus dem Höhlensystem entfernt. Diese Prozedur wiederholen die Dachse, bis der Bau groß genug ist.

Zeichnung eines Dachses aus Konrad Gessners *Thier-Buch* (1669).

Vom Dickling zum Schmalzmann – die vielen Namen des Dachses

Der Name «Dachs» leitet sich vermutlich vom mittel- und althochdeutschen «Dahs» ab, was ursprünglich so viel bedeutet wie «graben» oder «zimmern» und auf den Dachs als Grabkünstler hinweist. Eine alternative Möglichkeit leitet sich über eine Verknüpfung vom germanischen «Dahsu» über das vorgermanische «togo» mit dem indogermanischen Wort «tegu» für «dick» ab. «Dachs» würde in diesem Fall «Dickling» bedeuten.

Die vielen Ausprägungen des Namens «Dachs» finden sich noch heute in zahlreichen Orts- und Flurnamen, wie zum Beispiel in der Schweiz «Dachsen» oder «Dachsloch». Vermutlich hat dies damit zu tun, dass Dachsbaue eine Landschaft oftmals stark prägen und damit gute Landmarken für Ortsbezeichnungen abgeben. Und sogar in Familiennamen tauchen sie auf. Ein Beispiel dafür ist das lombardische Geschlecht Tasso. Tasso heißt auf Deutsch übersetzt Dachs und daher trägt diese Familie einen Dachs im Wappen.

In Fabeln und in der Jägersprache hat der Dachs viele weitere Namen erhalten. Einige davon geben vermutlich einen Hinweis auf die rege Grabtätigkeit der Tiere, wie zum Beispiel die Namen «Erdmarder», «Gräber» oder «Gräwing». Andere Namen wie «Schmalzmann» sind wahrscheinlich eine Andeutung auf die Verwendung von Dachsfett. Weitere Bezeichnungen des Dachses sind «Meister Grimbart» – vermutlich eine Andeutung auf die Gesichtszeichnung der Dachse –, «Meister Brockert», «Biedermann», «Murrjahn» und «Vater Grunzmeier».

Jagd auf den Dachs einst und heute

Die Jagd auf den Dachs hat in Europa eine lange Tradition. Sie war zeitweise so wichtig, dass sogar Hunderassen eigens dafür gezüchtet wurden. Die Hunde sollten fähig sein, in die Dachsbaue hineinzukriechen und die Dachse dort so lange bellend zu stellen, bis die Jäger:innen sich zu ihnen hindurchgraben konnten. Beispiele für solche Hunderassen sind der Dackel, der passend auch Dachshund genannt wird, und der Jack Russell Terrier.

Früher nutzte man neben Fett und Fell auch das Fleisch der Dachse. Heute finden diese Produkte der Dachsjagd kaum noch Verwendung. Dachsfleisch wird in Mitteleuropa höchstens noch als ausgefallene Spezialität genossen, ebenso ist das Dachsfett ein Nischenprodukt. Dachshaare, die heute in Pinseln zum Malen oder Rasieren Verwendung finden, stammen meistens aus chinesischen Dachszuchten.

In mehr als der Hälfte der Länder Europas, inklusive Deutschland, Österreich und der Schweiz, wird der Dachs auch heute noch bejagt. Die Jagd wird damit begründet, dass Dachse Schäden an Kulturen anrichten können, vor allem an Mais, aber auch an Weizen, Gerste, Hafer und Reben. Zudem kann es in seltenen Fällen

Dachs und Dachshund.

Bestimmte Hunderassen wurden eigens für die Jagd auf Dachse in deren Bauen gezüchtet, so wie auf diesem Bild der Dachshund – auch Dackel genannt.

vorkommen, dass Landmaschinen einbrechen, wenn Dachse ihre Baue in Landwirtschaftsland anlegen.

In Deutschland, Österreich und der Schweiz ist die Jagd auf den Dachs sowohl auf Bundesebene als auch auf Länder- bzw. Kantonsebene reguliert. Auf diesen nachgeordneten Ebenen können sich die Regulierungen stark unterscheiden. Während Dachse in bestimmten Gegenden gar nicht bejagt werden dürfen (z. B. Berlin, Genf), haben andere Bundesländer oder Kantone eine Schonzeit für die Fortpflanzungszeit festgelegt, während der die Jagd untersagt ist, wobei Anfang und Ende der Schonzeit zwischen den Regionen variieren. In anderen Gegenden (z. B. Sachsen, Mecklenburg-Vorpommern, Steiermark) dürfen Dachse ganzjährig bejagt werden. In verschiedenen europäischen Ländern ist der Dachs ganzjährig geschützt. Dazu gehören zum Beispiel Albanien, Belgien, Dänemark, Luxemburg, die Niederlande, Portugal, Spanien und Weißrussland.

Wie werden Dachse bejagt?

Zeitlich beschränkt sich die Dachsjagd vor allem auf die späte Dämmerung und die Nacht. Dachse werden hauptsächlich im Offenland bejagt, wo die Jäger:innen bei regelmäßig von Dachsen begangenen Wegen («Pässen») oder bei Bauen warten («Ansitzen»).

Eine weitere Art der Jagd auf den Dachs, die auch den Fuchs betrifft, ist die «Baujagd». Dabei schickt man Dackel oder kurzbeinige Terrier in einen Fuchs- oder Dachsbau, damit sie die Wildtiere an die Oberfläche zu den Ausgängen treiben, wo die Jäger:innen warten. Oftmals flüchten jedoch gerade Dachse nicht aus dem Bau, sondern stellen sich dem Jagdhund unterirdisch. In diesem Fall, oder auch wenn Hunde im Bau steckenbleiben, müssen die Jäger:innen Dachs und Jagdhund ausgraben.

Allerdings gerät die Baujagd in den letzten Jahren zunehmend in die Kritik. Denn zum einen bedeutet sie enormen Stress für die gejagten Wildtiere. Zum anderen laufen die Jagdhunde Gefahr, dass sie von den wehrhaften Dachsen verletzt werden oder nicht mehr selbst aus dem Bau finden. Die Baujagd ist deshalb mit erheblichen ethischen und tierschutzrelevanten Problemen verbunden.

Populationsentwickung und Gefährdung des Dachses

Die Population erholt sich von einer drohenden Ausrottung

Das Verbreitungsgebiet des Europäischen Dachses umfasst große Teile Europas (mehr dazu im Kapitel «Die Dachse der Welt»). Die sozialen Tiere leben hier in mehr oder weniger großen Familienverbänden mit bis zu 30 Individuen. Die Dichten sind aber eher gering, man geht von ca. 1,12 bis 1,32 Dachsen pro km² aus.

Insgesamt wird die europäische Population auf rund 1,22 Millionen Dachse geschätzt. Allerdings sind das nur ungenaue Zahlen, denn es gibt keine umfassenden Bestandszählungen. Die Anzahl der Dachse wird üblicherweise nur anhand der Jagdstrecke und der Fallwildzahlen geschätzt. Als Fallwild bezeichnet man Wildtiere,

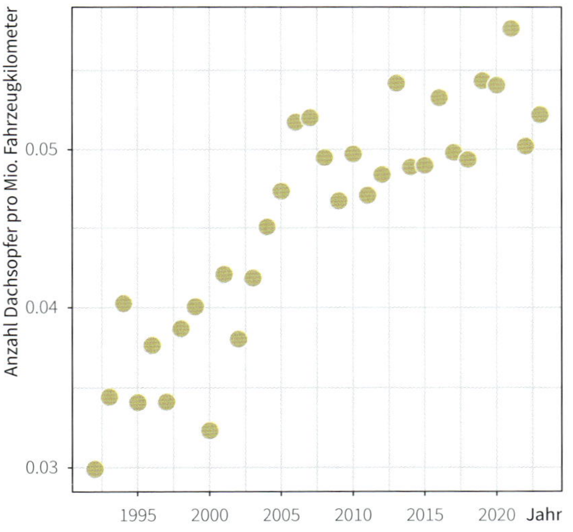

Anzahl Dachsopfer im Schweizer Straßenverkehr pro Mio. Fahrzeugkilometer im Verlaufe der Jahre 1992–2023. Ersichtlich ist, dass die Opferzahlen während dieser Zeitperiode stetig zugenommen haben. Daraus lässt sich rückschließen, dass auch die Dachspopulation insgesamt in der Schweiz zugenommen hat. Zahlen: jagdstatistik.ch, bfs.admin.ch.

die nicht durch Jäger:innen getötet wurden, sondern beispielsweise durch Unfälle im Straßenverkehr sterben. Diese Fallwildzahlen hängen auch davon ab, wie häufig eine Tierart in einem Gebiet vorkommt: Je häufiger eine Tierart vorkommt, desto höher sind die Fallwildzahlen. Umgekehrt gilt, je weniger Fallwild es gibt, desto kleiner ist die Population in dieser Gegend – oder die Tierart kommt dort gar nicht mehr vor. Vergleicht man die Fallwildzahlen über eine längere Zeitperiode und berücksichtigt dabei Veränderungen im Verkehrsaufkommen während dieser Zeit, kann man Veränderungen in der Population dieser Tierart abschätzen.

Betrachtet man beispielsweise die Zeitperiode von 1990 bis 2020, sieht man, dass die Zahl der Dachse sowohl in den Jagdstrecken wie auch beim Fallwild in Deutschland, Österreich und der Schweiz zugenommen hat (laut den jeweiligen Jagdstatistiken). In der Schweiz hat sich die Populationsgröße in diesem Zeitraum verdoppelt. Dieser Anstieg ist dadurch erklärbar, dass die Dachspopulation in den Jahrzehnten vor den 1990er-Jahren im Zuge der Bekämpfung der Tollwut-Epidemie stark dezimiert und fast ausgerottet wurde und sich anschließend nur langsam wieder erholte.

Tollwut und ihre Folgen

Die Zahl der Dachse schwankte im letzten Jahrhundert stark. Grund dafür waren verschiedene Wellen einer Tollwut-Epidemie, die von den 1960er- bis in die 1980er-Jahre in Europa wütete, und von der vor allem Füchse betroffen waren. Diese von einem Virus ausgelöste Erkrankung verläuft, wenn sie einmal ausbricht, in fast 100 % der Fälle tödlich und kann von infizierten Wild- und Haustieren über den Speichel und andere Körperflüssigkeiten auch auf den Menschen übertragen werden. Mehr zu dieser Krankheit findet man im Kapitel «Vom Leben und Sterben». Insbesondere in den 1970er-Jahren versuchte man, die Tollwut mit Begasungen der Fuchsbaue einzudämmen. Da Füchse jedoch oft die Baue von Dachsen mitbenutzen, hat man mit dieser Maßnahme gleichzeitig viele Dachse getötet und europaweit beinahe ausgerottet. Außerdem konnte man durch die Vergasung der Baue die Tollwut nicht ausrotten und sie verbreitete sich weiterhin. Erst durch eine umfangreiche Impfkampagne Ende der 1970er-Jahren mit ausgelegten Impfködern konnte die Epidemie effektiv bekämpft werden und seit den 1990er-Jahren ist die Tollwut in weiten Teilen Europas ausgerottet. Während sich die Fuchspopulationen ab Mitte der 1980er-Jahre erholten, dauerte es bei den Dachsen wesentlich länger. In der Schweiz erreichte die Dachspopulation ihren Tiefpunkt zwischen 1979 und 1984. Danach nahm die Zahl der Dachse nur zögerlich wieder zu und erst ab dem Jahr 2005 wuchs sie wieder stärker an. Vermutlich trug die eher geringe Fortpflanzungsrate beim Dachs zu diesem im Vergleich zum Fuchs verzögerten Wachstum der Population bei. Zudem ist die Bindung an den Bau bei Dachsen viel stärker als bei Füchsen:

Dachse nutzen den Bau ganzjährig, Füchse hingegen nur für die Jungenaufzucht, sodass die Dachse viel stärker dezimiert wurden und die Populationen stärker litten.

Ist der Dachs heute bei uns gefährdet?

Gemäß der Roten Liste der IUCN (International Union for Conservation of Nature and Natural Resources, zu Deutsch «Internationale Union zur Bewahrung der Natur») ist unser heimischer Dachs im größten Teil seines Verbreitungsgebietes nicht gefährdet. Nur in Albanien und den Niederlanden ist der Dachs als gefährdet deklariert. In mehr als der Hälfte der Länder von Europa ist der Dachs eine jagdbare Art. In der Berner Konvention (Übereinkommen über die Erhaltung der europäischen wildlebenden Pflanzen und Tiere und ihrer natürlichen Lebensräume) ist der Dachs im Anhang 3 gelistet und darf somit in einem Umfang bejagt werden, der den Bestand nicht gefährdet. In einigen Ländern wie Dänemark, den Niederlanden, Belgien oder Spanien ist er jedoch geschützt und darf daher nicht gejagt werden (weitere Infos im Kapitel «Jagd auf den Dachs einst und heute»). Die Dachs-Populationen scheinen in weiten Teilen Europas recht stabil zu sein oder sogar zuzunehmen (mehr dazu im Abschnitt «Die Population erholt sich von einer drohenden Ausrottung»).

Management der Dachspopulation auf wissenschaftlicher Basis

Das Ziel der Jagd auf Raubtiere wie den Dachs ist, die Bestände zu reduzieren und auf tiefem Niveau zu regulieren. Zudem will man damit die Übertragung von Krankheiten und Schäden, die Dachse an Kulturen in der Landwirtschaft verursachen, reduzieren. Die Anzahl der erlegten Dachse betrug zum Beispiel für das Jagdjahr 2022/23 in Deutschland 82 741 Individuen, in Österreich 10 386 Individuen und in der Schweiz 2965 Individuen. Da in diesen Ländern die Gesamtzahl der Dachse nicht bekannt ist, kann man auch nicht abschätzen, wie hoch der Anteil der geschossenen Dachse am Gesamtbestand ist. Daher kann man auch nicht beurteilen, welchen Einfluss die Jagd auf die Bestände und die verursachten Schäden hat.

Tatsächlich gibt es zunehmend Hinweise darauf, dass mit der vorherrschenden Art der Bejagung die Bestände von kleinen und mittelgroßen Raubtieren wie zum Beispiel Dachsen, Rotfüchsen und Schakalen und damit die Schäden nicht im gewünschten Umfang verringert werden können. Der Grund dafür ist das flexible Sozialverhalten dieser Tiere, ihr Ausbreitungsverhalten und eine Fortpflanzung, die abhängig von der Dichte des Bestandes ist. Dadurch können sie die Verluste, die durch die Jagd entstehen, schnell wieder ausgleichen. Das heißt, mehr Weibchen haben Nachwuchs, zuwandernde Artgenossen besetzen rasch wieder verwaiste Reviere und es kann pro Wurf mehr Junge geben. Daher bleiben die Bestände trotz der Bejagung der Tiere hoch. Zudem konnte mehrfach gezeigt werden, dass durch die Bejagung von mittelgroßen Raubtieren die Häufigkeit von übertragbaren Krankheiten zunehmen kann, weil die Tiere sehr mobil sind und es durch die Bejagung zu einer stärkeren Abwanderung kommt, was die Ansteckungsgefahr zwischen den Tieren erhöht. Beim Fuchs wurde dies für den Fuchsbandwurm nachgewiesen und bei englischen Dachsen für die Rindertuberkulose (**mehr dazu im Input «Rindertuberkulose in Großbritannien und Europa»**).

Für ein nachhaltiges Management der Dachspopulationen müssten verlässliche Daten zu den Beständen und zur zeitlichen und räumlichen Dynamik der Populationen auf lokaler und regionaler Ebene erhoben werden. Außerdem bräuchte es klar definierte und messbare Ziele, zum Beispiel bezüglich der Abschuss- und Bestandszahlen sowie eine regelmäßige Prüfung und gegebenenfalls eine Anpassung dieser Ziele. Dieses Management müsste überregional stattfinden. Aus jagd-ethischen und aus Tierschutzgründen ist zudem zu vermeiden, dass die Tiere während der Fortpflanzungszeit gejagt werden. Weiter sollte bei Wildtieren, die als «Schädlinge» gelten, festgestellt werden, wie groß der verursachte Schaden tatsächlich ist, aber auch, welche Ökosystemdienstleistungen sie erbringen (**mehr dazu im Input «Schädling» oder «Nützling»? Der Dachs als Dienstleister für das Ökosystem**). Letztere werden meist zu wenig beachtet, unter anderem, weil die dafür nötige Forschungsarbeit sehr aufwendig ist. Doch gerade aufgrund der wichtigen Rolle dieser Tiere im Ökosystem sollten nicht-tödliche Maßnahmen (**mehr dazu im Kapitel «Für ein gutes Miteinander»**) zur Schadensbegrenzung stärker in den Fokus eines nachhaltigen Managements des Dachses und generell von mittelgroßen Raubtieren rücken.

Nur, wenn man alle hier beschriebenen Anforderungen und Ziele berücksichtigt, ist ein modernes Wildtiermanagement möglich, das sowohl wildtierbiologischen als auch ethischen Kriterien genügt.

Input

«Schädling» oder «Nützling»? Der Dachs als Dienstleister für das Ökosystem

Begegnungen mit Dachsen sind etwas Besonderes. Allerdings kann ein nächtlicher Besuch von Dachsen im Garten oder auf dem Acker auch Ärger bedeuten. So wurde zum Beispiel dem Nachbar von einem Dachs der Rasen umgegraben oder der Landwirtin wurde ein Teil des Maisfeldes geplündert. Dem Dachs hängt deshalb oft der Makel des «Schädlings» an, der bekämpft werden muss, wenn er zu lästig wird. Doch das Denken in den Kategorien «Schädlinge» und «Nützlinge» ist meist zu einfach und widerspiegelt eher mangelnde Kenntnisse über Zusammenhänge in Ökosystemen.

Wie die einzelnen Bausteine eines Ökosystems zusammenhängen, ist in den meisten Fällen extrem komplex, und wir verstehen erst einen Bruchteil aller Interaktionen. So ist es auch beim Dachs. Erst in jüngerer Zeit hat man verstanden, dass Dachse durch ihre Grabtätigkeit einen wichtigen Beitrag zur Artenvielfalt in den Wäldern leisten. So kann ein einzelner Dachs bis zu 4,5 m^3 Erde pro Jahr von den unteren Bodenschichten nach oben bewegen. Besonders bei alten Bauen sind die Veränderungen sehr ausgeprägt.

Denn indem die Dachse permanent Erde an die Oberfläche bringen, stören sie zum einen den Boden und damit die vorhandenen Pflanzengemeinschaften immer wieder. Zum anderen steigt dadurch der pH-Wert – er wird also basischer – und ebenso ändert sich die Zusammensetzung der Nährstoffe des Bodens. Damit erhalten Pflanzenarten eine Chance zu wachsen, die mit den veränderten Bedingungen zurechtkommen, so zum Beispiel Keimlinge oder Ruderalpflanzen, die Licht und offenen Boden benötigen. Diese zusätzlichen Pflanzen ziehen weitere Insekten an und diese wiederum Arten, die sich von ihnen ernähren. Auch die Anzahl an Moosarten kann in der Umgebung von Dachsbauen zunehmen, insbesondere diejenigen, die auf Sträuchern wachsen. Alles in allem steigt also die Artenvielfalt um Dachsbaue herum über die Zeit.

Es gibt zudem Hinweise, dass zum Beispiel Rehe die neu zugänglichen Nährstoffe und Mineralien direkt aus dem Boden aufnehmen können.

Darüber hinaus helfen Dachse bei der Verbreitung von Pflanzensamen. Dies gilt insbesondere für Pflanzen, die große Früchte erzeugen, welche Vögel und andere kleine Wildtiere nicht fressen können, der Dachs hingegen schon. Die Baue der Dachse sind überdies ein Lebensraum für eine Vielzahl anderer Wildtiere, wie im Abschnitt «Wo Dachse wohnen: Der Dachsbau» zu lesen ist.

Die unermüdlich grabenden Dachse sind also wahre «Ökosystem-Ingenieure», die weitreichende Veränderungen in ihrer Umgebung bewirken und damit viele andere Organismen beeinflussen. Aus menschlicher Sicht sind sie äußerst wertvolle «Ökosystem-Dienstleister», denn auch wir profitieren auf vielen Ebenen von einem größeren Artenreichtum.

Die Biodiversität – also eine Vielfalt der Arten, Gene und Lebensgemeinschaften – ist für den Menschen fundamental wichtig. Sie liefert für uns kostenlose «Ökosystemdienstleistungen», wie zum Beispiel saubere Luft, Trinkwasser und Nahrungsmittel sowie Baumaterialien, Energieträger und medizinische Wirkstoffe.

Der Dachs in der heutigen Welt

Siedlungsgebiete als Lebensraum

Aktuell lebt mehr als die Hälfte der Weltbevölkerung in Städten. Städte und generell Siedlungsgebiete bilden stark von Menschen geprägte Lebensräume. Und trotzdem, oder gerade deswegen, haben viele Wildtiere diese für sich entdeckt. Zwar bieten Siedlungsräume weniger natürliche Nahrung und weisen weniger naturnahe Vegetation auf. Dafür gibt es eine Fülle an Nahrungsquellen, die die Menschen liefern, wie zum Beispiel Abfallsäcke, weggeworfene Essensreste und, in den Gärten, Komposthaufen, Fallobst oder Beeren. Außerdem haben viele Arten im Siedlungsraum weniger Fressfeinde, ebenso ist der Jagddruck durch Menschen hier geringer. Allerdings gibt es viele andere menschliche Störungen wie Verkehr, Lärm, Lichtverschmutzung und nächtliche Aktivitäten, an die sich Wildtiere anpassen müssen. Diese Bedingungen führen dazu, dass sich hauptsächlich Wildtiere im Siedlungsraum ansiedeln, die als Generalisten sehr anpassungsfähig sind. Dennoch finden auch immer wieder Spezialisten, die auf eine bestimmte Nahrung oder Lebensräume angewiesen sind, geeignete Nischen im Siedlungsraum und kommen hier heutzutage teilweise häufiger vor als in ihren ursprünglichen Lebensräumen.

Der Dachs ist ein typischer Vertreter der anpassungsfähigen Generalisten, der mittlerweile auch in vielen Städten lebt und hier das reiche Nahrungsangebot nutzen kann. Insgesamt kommt ein Drittel bis die Hälfte aller heimischen Säugetiere in städtischen Gebieten vor, darunter die Igel. Sie sind gegenwärtig in ländlichen Gebieten seltener anzutreffen als in Wohnsiedlungen, da ihnen in intensiv genutzten Landwirtschaftsgebieten Insekten als Nahrung und Strukturen wie Hecken fehlen, die sie als Verstecke benötigen. In Wohnsiedlungen mit Gärten, Wiesen und Sträuchern hingegen finden sie mittlerweile bessere Lebensbedingungen vor. Ebenso profitieren spezialisierte Wildbienenarten vom blütenreichen Angebot der Gärten und Balkone. Die vielen verschiedenen Lebensräume im Siedlungsgebiet, die sich aus Parks, Friedhofsanlagen, Straßenbegleitflora, Dachterrassen, Balkonen und vielen weiteren Grünflächen zusammensetzen, bilden eine Vielzahl an Nischen für die unterschiedlichsten Pflanzen- und Wildtierarten. Städte und Siedlungsräume sind häufig Wärmeinseln, da sie sich aufgrund des hohen Versiegelungsgrades stärker aufheizen als das Umland. Zudem fehlen oftmals kühlende Bäume oder Gewässer. Davon profitieren insbesondere wärmeliebende Arten, die aufgrund der höheren Temperaturen im Winter hier eher überleben können als im etwas kälteren Umland. So breiten sich Arten aus dem Mittelmeerraum in nördlichen Gebieten meist erst in Städten aus, bevor sie sich in der Umgebung ansiedeln. Durch regen Verkehr und Warenaustausch können sich auch immer wieder gebietsfremde Arten ansiedeln. Dadurch entstehen in Siedlungsräumen zuweilen eigene Artzusammensetzungen.

Gehören Wildtiere in die Stadt?

Diese Frage hören wir immer wieder: Gehören Wildtiere in die Stadt oder sollten sie nicht besser im Wald leben? Eine kurze Antwort auf die erste Frage lautet: «Ja, sie gehören in den Siedlungsraum, denn sie suchen sich diesen Lebensraum selbst aus». Für eine ausführlichere Antwort müssen wir etwas ausholen.

In vielen Ländern Europas sind die Flächen außerhalb des Siedlungsraumes keine unberührte Natur mehr. Naturschutzgebiete machen einen verschwindend geringen Anteil der Landesfläche aus, und häufig sind sogar sie stark durch den Menschen beeinflusst und gemanagt. So sind in Deutschland und in der Schweiz weniger als 1 % der Landesfläche streng geschützte Naturschutzgebiete mit nur sehr wenig menschlicher Beeinflussung, in Österreich sind es 2,5 %. Die meisten Naturräume werden heute jedoch landwirtschaftlich oder forstwirtschaftlich intensiv genutzt, weshalb die Vielfalt an Lebensräumen dort stark abgenommen hat. Deshalb sind grüne Wiesen und Ackerflächen sowie Wälder nicht automatisch gleichzusetzen mit Naturräumen, die für die Wildtiere wertvoll sind.

Wie oben erwähnt, sind gerade Städte ausgesprochene Mosaike aus unterschiedlichen kleineren und größeren Grünräumen, die den Wildtieren Nahrung und Möglichkeiten bieten, ihre Jungen aufzuziehen. Daher ist die Biodiversität in Städten häufig größer als in ländlichen Gebieten, die an Strukturreichtum stark verloren

haben. Es zeigt sich, dass Siedlungsräume gute Lebensräume für viele Wildtiere sein können, auch für gefährdete Arten. Auch für Menschen können Wildtiere in der Nachbarschaft eine Bereicherung sein, und direkte Begegnungen mit ihnen können für den Arten- und Umweltschutz sensibilisieren, der auch in Siedlungsräumen nötig ist. Denn die zunehmende Verdichtung und Versiegelung in städtischen Gebieten erschweren den Wildtieren das Leben. Deshalb ist es umso wichtiger, möglichst viele Flächen so zu gestalten, dass Wildtiere sie nutzen können. Töpfe mit Wildblumen auf dem Balkon, einheimische Sträucher im Garten und Blumenwiesen statt englischem Rasen sind nur einige der Maßnahmen, die man zur Förderung der Wildtiere ergreifen kann, damit die Artenvielfalt nicht noch weiter zurückgeht.

Dass Wildtiere in Städten und Siedlungsräumen leben, ist außerdem kein neues Phänomen. Man vermutet, dass die Biodiversität in europäischen Städten etwa um das Jahr 1800 ihren Höhepunkt erreichte. Viele Vögel brüteten damals in alten Stadtmauern, Eidechsen und Fledermäuse nutzten die zahlreichen Spalten und Steinmarder lebten in den Dachstöcken der Häuser. Viele Arten profitierten von den Misthaufen, die überall in der Stadt vorhanden waren. Mit dem Verschwinden des Viehs aus den Städten verschwanden unter anderem auch die Schwalben, die auf Nahrung in der Nähe der Nistplätze angewiesen sind. An ihrer Stelle zogen Segler in diese Nistplätze an den Häusern ein, da sie weitere Strecken fliegen und im freien Luftraum jagen konnten. Und im Verlaufe der Zeit wurden auch einst scheue Waldbewohner wie die Amsel zu Städtern. Dies zeigt, dass mit den Veränderungen in der Stadt auch die Stadtnatur einem steten Wandel unterliegt.

Siedlungsräume weisen sehr unterschiedliche Grünräume auf, die oftmals biodiverser sind als ländliche Gebiete. Davon profitieren viele Arten, auch der Dachs, der im Siedlungsgebiet gerne Gärten aufsucht.

Der Dachs wird zum Städter

Wie Füchse sind auch Dachse Kulturfolger, auch wenn sie aufgrund ihrer noch heimlicheren Lebensweise seltener von den Menschen entdeckt werden. Sie finden sich relativ gut in menschlich geprägten Lebensräumen zurecht. Allerdings waren Dachse lange Zeit nur vereinzelt in Städten zu beobachten und ihre Baue fanden sich meistens in Stadtrandgebieten. Man nahm deshalb an, dass es sich bei diesen Stadtdachsen um Reliktpopulationen handelt, die mit ihren Bauen durch die sich ausbreitende Stadt immer mehr ins Siedlungsgebiet gerieten. Die meisten dieser frühen Beobachtungen von Stadtdachsen stammen aus England oder Norwegen. Doch die heutigen Erkenntnisse zeigen, dass Dachse den Siedlungsraum wohl ähnlich besiedelten wie Stadtfüchse, die eigentliche Stadtpopulationen bildeten und sich nicht mehr mit den Landfüchsen mischten.

Im Zuge der Populationszunahmen nach Ende der Tollwut-Epidemie in den 1980er-Jahren besiedelten Füchse innerhalb weniger Jahrzehnte viele europäische Städte. Im Vergleich zu den Füchsen zeigten die Dachse nach der starken Dezimierung einen verzögerten Wachstumsstart und ein langsameres Populationswachstum. Trotzdem breiteten sich auch Dachse langsam und stetig wieder aus und seit ein paar Jahren sind auch sie immer häufiger im Siedlungsraum und in Städten anzutreffen. Die ersten Dachsbeobachtungen in Städten wurden in Bristol und London in den 1970er-Jahren dokumentiert, in anderen europäischen Städten wie Berlin oder Zürich wurden die ersten Stadtdachse in den 2000er-Jahren gesichtet. Somit wurden Dachse rund 20 bis 40 Jahre später zu «Städtern» als Füchse. Gründe für das langsamere Populationswachstum und die verzögerte Ausbreitung im Vergleich zu den Füchsen sind vermutlich die kleineren Wurfgrößen und die spätere Fortpflanzungsreife. Zudem sind Dachse stärker von ihrem Bau abhängig als Füchse und deshalb bezüglich ihrer Lebensraumwahl auch weniger flexibel.

Dachse sind heutzutage immer häufiger in Städten anzutreffen.

Im Winter ist die Nahrungssuche schwieriger, doch im Siedlungsgebiet kann der Dachs auch in dieser Zeit Fressbares finden.

Auf dieser Karte der Meldeplattform StadtWildTiere sind Dachsbeobachtungen von 2013–2026 aus der Stadt Zürich als schwarze Dachs-Silhouetten sichtbar, welche von der Bevölkerung online gemeldet wurden.

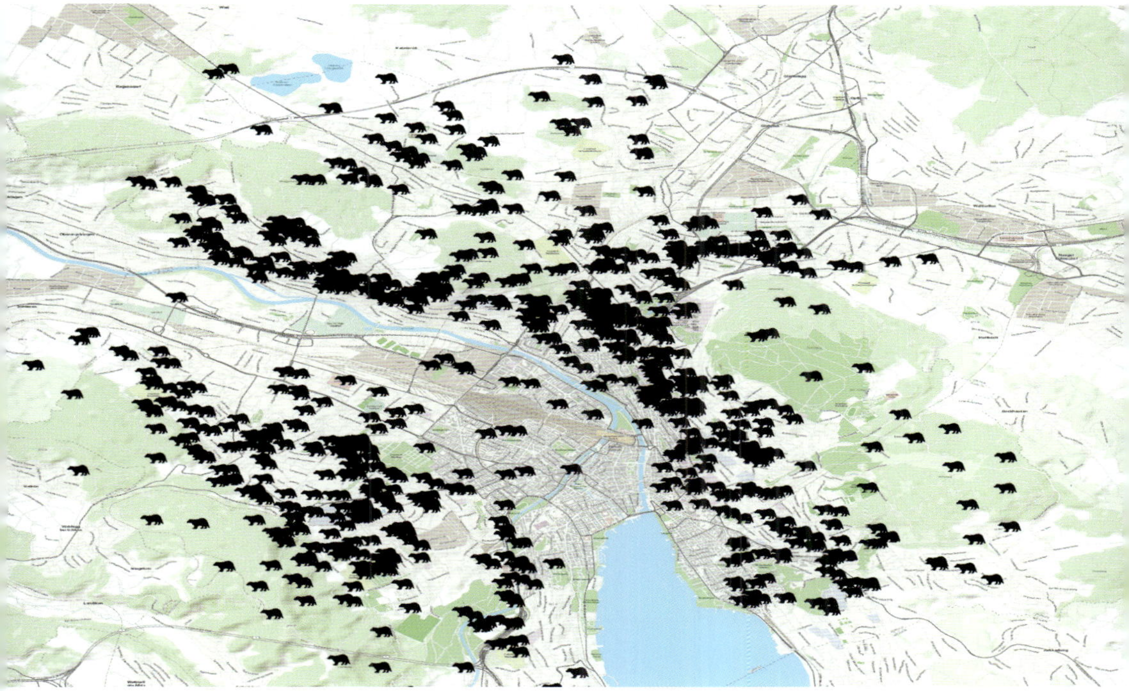

Wie leben Dachse in Siedlungsräumen?

Die wenigsten Menschen haben vermutlich in ihrem Wohnumfeld schon einmal einen Dachs angetroffen. Doch Dachse sind nicht etwa seltene Tiere. Vielmehr sind sie einfach dann aktiv, wenn wir Menschen üblicherweise schlafen. Häufig sind Dachse erst nach Mitternacht unterwegs und streifen im Dunkeln durch die Gärten und Parkanlagen. Am ehesten begegnet man ihnen also, wenn man spät nachts auf dem Nachhauseweg ist, wobei Dachs und Mensch wohl ähnlich überrascht über diese Begegnung wären. Die Chancen, zu später Stunde einem Dachs zu begegnen, stehen aber gar nicht so schlecht. Das Projekt StadtWildTiere, das Beobachtungen von Wildtieren mithilfe der städtischen Bevölkerung sammelt (mehr dazu im Input «Dachsforschung in der Stadt Zürich»), zeigt, dass Dachse im Siedlungsraum weit verbreitet sind und selbst in die stark bebauten Stadtzentren vorstoßen können.

Statt im Wald bauen die Stadtdachse ihre Baue in Gärten, Parkanlagen oder Friedhöfen. Zuweilen kann dies auch zu Konflikten führen (mehr dazu im Kapitel «Für ein gutes Miteinander»).

In der Umgebung ihrer Baue suchen die Dachse nach Nahrung. Auch in der Stadt sind Regenwürmer ihre Leibspeise, die sie vor allem in vielfältigen und naturnah gestalteten Gärten und Grünlanlagen in größeren Mengen finden. Komposthaufen, Obstbäume in Gärten oder manchmal auch ein zugänglicher Müllsack können interessante Orte zur Nahrungsaufnahme sein.

Die Stadtdachse nutzen häufig dieselben Wege in ihren Streifgebieten und können auch kleinere Mauern und Treppen überwinden. Doch immer wieder treffen sie auch auf zu hohe Mauern und undurchlässige Zäune, die Hindernisse für sie darstellen und ihnen die Nahrungssuche im Siedlungsraum erschweren. Wie man Durchgänge schaffen und den Garten und die Grünflächen für Dachse aufwerten kann, wird im Kapitel «Spuren der heimlichen Nachbarn erkennen» beschrieben.

Dieser Dachs wurde mitten in der Stadt Zürich auf der Brunaustrasse bei der Nahrungssuche beobachtet.

Input

Interview mit Wildhüter Fabian Kern

Fabian Kern ist ehemaliger Polizist und Kriminaltechniker und arbeitet seit 10 Jahren als Wildhüter und Fachbereichsleiter des Wildschonreviers der Stadt Zürich in der Schweiz.

Was bedeutet der Dachs für Sie?
Der Dachs war in meinen Kindertagen mein Lieblingstier und auch heute noch bin ich ein Dachs-Fan. Am Dachs fasziniert mich seine Sturheit, die vielleicht eher Zielstrebigkeit ist.

Einmal hat sich mein Weg mit dem eines Dachses gekreuzt. Der Dachs lief gemächlich auf mich zu, bis seine Nase fast meine Schuhe berührte. Zu meiner Überraschung trottete er dicht an meinen Beinen vorbei. Erst als er hinter mir war, fing er plötzlich an zu grummeln und trabte los. Er hatte wohl erst zu diesem Zeitpunkt mit dem Wind meinen Geruch wahrgenommen. Viele weitere Begegnungen mit Dachsen haben mir gezeigt: Wenn ein Dachs irgendwo hinwill oder hindurchwill, dann macht er das auch. Er lässt sich nicht so schnell aufhalten. So kann er – wenn er muss – selbst große Hindernisse wie Steinblöcke aus dem Weg räumen, Mauern von fast einem Meter hochspringen und sogar auf Büsche klettern. Viele Menschen würden den Dachs wohl als ein etwas plumpes und schwerfälliges Tier beschreiben. Tatsächlich ist der Dachs aber überraschend schnell und kräftig und unglaublich zäh und anpassungsfähig.

Wie haben Sie im Alltag mit Dachsen zu tun?
Den Dachsen selbst begegne ich leider nur sehr selten direkt. Ich erlebe aber viele spannende Dachs-Geschichten durch die Menschen, die sich bei mir melden, weil sie einen Dachsbau im Garten haben oder einen Dachs beobachten konnten.

Gibt es auch negative Reaktionen auf die Anwesenheit des Dachses?
Der Dachs wird häufig als Problemtier wahrgenommen, das Schäden verursacht und Krankheiten überträgt. Immer wieder erhalten wir Anrufe zum Bei-

spiel wegen umgegrabener Rasen oder weggefressener Maiskolben. Einmal hatte ein Gartenbesitzer einen Rollrasen verlegen lassen. Am nächsten Morgen staunte er nicht schlecht: Der neue Rasen war wieder weg; der Dachs hatte ihn einfach wieder aufgerollt, um an die leckeren Insektenlarven darunter zu kommen. Der Mann war natürlich verärgert und hat sich an uns gewandt.

Manche Menschen meinen, dass der Dachs nicht in die Stadt und auch nicht in ihren Garten gehört. Doch der Dachs ist ein heimisches Wildtier und lebt überall dort, wo er einen geeigneten Lebensraum findet.

Wie gehen Sie in solchen Situationen vor?
Die allermeisten Probleme mit Dachsen beschränken sich auf kurze Zeitfenster nach der Winterruhe und nach dem Abwandern der Jungtiere. Dann sind die Dachse häufiger unterwegs und brauchen besonders viel Nahrung. Wenn mir jemand ein Problem mit einem Dachs meldet, versuche ich immer zu informieren, zu vermitteln und Verständnis zu wecken. Ich weise zudem jeweils darauf hin, dass der Dachs auch Engerlinge und andere Tiere frisst, die zum Beispiel den eben erwähnten Rollrasen früher oder später ebenfalls zerstört hätten.

Wie kann man Dachse vom Garten fernhalten?
Meistens reichen einfache Maßnahmen, um Dachse aus dem Garten fernzuhalten oder zu vertreiben. Man kann zum Beispiel Pfeffer auf die Erde streuen, denn diesen mögen Dachse gar nicht. Auch ein niedriger, gut gespannter und robuster Elektrozaun kann die Dachse davon abhalten, in den Garten zu kommen. Die meisten Maßnahmen wirken aber nur wenige Tage lang. Dann gewöhnen sich die Dachse daran, oder sie lernen, die Hürde zu umgehen. Ich empfehle jeweils, verschiedene Maßnahmen nacheinander einzusetzen. Mit solchen Maßnahme-Ketten kann man die 2–3 Wochen überbrücken, während derer Dachse den Garten «heimsuchen».

Im Gegensatz zum Fuchs nutzt der Dachs den Bau ganzjährig. Kommt es dennoch vor, dass Sie an diesem sensiblen Ort eingreifen müssen?
Einmal hatten wir das Problem, dass ein frisch gegrabener Dachsbau das Drainagesystem eines Hauses beschädigt hat. In einem solchen Fall überprüfen wir die Aktivität im Bau und versuchen, die Dachse mit unangenehmen

Geruchsstoffen zu vertreiben. Außerhalb der Schonzeit verschließen wir die Ein- und Ausgänge, wenn die Dachse nicht im Bau sind. Doch auch diese Maßnahmen wirken nicht immer langfristig. Wie gesagt: Wo es dem Dachs gefällt, dorthin kommt er immer wieder zurück.

Werden Dachse auch geschossen?
In der Stadt Zürich schießen wir Dachse nur, wenn sie krank oder verletzt sind, also wenn sie zum Beispiel von einem Auto angefahren wurden. Die meist geringen Schäden, die ein Dachs in einem Garten anrichten kann, rechtfertigen keinen Abschuss. Das Leben des Tieres hat Vorrang. In ländlichen Gebieten hingegen werden Dachse gejagt, weil sie Schäden an den Kulturen anrichten können, oder weil sie angeblich kleinere Wildtiere wie Hasen jagen. Es gibt jedoch keine Hinweise darauf, dass die Jagd hier irgendeine Wirkung hat. Zudem landen die erlegten Dachse meist in der Abfalltonne, weil ihr Fell, Fleisch und Fett heute nicht mehr genutzt wird.

Was sind Ihre Empfehlungen für ein gutes Miteinander von Mensch und Dachs?
Verständnis haben! Wenn ein Tier Probleme macht, ist die Ursache dafür immer der Mensch, nie das Tier. Denn das Tier verhält sich so, wie es seiner Art entspricht, und es nutzt die Ressourcen, die es findet. Der Dachs ist Teil unserer Umwelt und gehört in unsere Nachbarschaft. Auch die Stadt ist ein guter Lebensraum für ihn. Lebt ein Dachs im Garten, so ist das eigentlich ein Kompliment: Er zeigt uns damit, dass es ihm hier gefällt.

Trifft man einen Dachs in der Stadt an, sollte man das Wildtier nicht bedrängen, sondern sich aus genügend Abstand an der Beobachtung erfreuen.

Wie wir Dachse erforschen

Was fressen unsere wilden Nachbarn, die Dachse? Was tun sie in der Nacht? Wo verbringen sie den Tag? Das alles sind Fragen, die uns Menschen schon lange beschäftigen. Um diese Fragen zu beantworten, haben verschiedene Forschungsgruppen über die letzten Jahrzehnte Dachse erforscht. Allerdings ist das Erforschen von wildlebenden Tieren oft gar nicht so einfach. Daher hat man verschiedene Nachweismethoden entwickelt, die sich im Laufe der Zeit bewährt haben, und dank des Fortschritts der Technik kommen immer wieder neue Möglichkeiten dazu. In diesem Kapitel möchten wir die Methoden und Hilfsmittel vorstellen, die in der Dachsforschung zum Einsatz kommen. Dabei unterscheiden wir zwischen direkten und indirekten Nachweismethoden. Bei Ersteren werden Dachse direkt beobachtet oder untersucht, bei letzteren werden Informationen gesammelt ohne direkten Kontakt zu den Tieren.

Der narkotisierte Dachs erhält hier einen GPS-Logger mit einem Halsband. Ein solcher Sender liefert wertvolle Daten darüber, wann der Dachs aktiv ist und wie er sich in seinem Lebensraum bewegt.

Direkte Nachweismethoden

Direktbeobachtungen: Die Direktbeobachtung ist eine Methode, mit der man Dachse schon seit Langem untersucht. Mit viel Geduld und Ausdauer kann man die Tiere unmittelbar in ihrem Lebensraum beobachten, um zum Beispiel ihr Vorkommen nachzuweisen oder ihr Verhalten zu dokumentieren. Dabei werden oft Hilfsmittel wie Scheinwerfer oder Nachtsichtgeräte eingesetzt, sodass man die Tiere im Dunkeln besser erkennen kann. Damit wird dann das Gebiet von Interesse systematisch abgesucht. Bei der Scheinwerferzählung macht man sich zunutze, dass die Augen der Dachse Licht reflektieren und so ihre Anwesenheit verraten. Da die Augen anderer Tiere ebenfalls Licht reflektieren, muss immer überprüft werden, ob es sich beim entdeckten Tier tatsächlich um einen Dachs handelt. Dass man Dachse zufällig entdeckt, kommt selten vor. Deshalb beziehen Forschende häufig die breite Bevölkerung mit ein. Soll beispielsweise die Verbreitung in einem Gebiet erhoben werden, können Dachsbeobachtungen aus der Bevölkerung einen essenziellen Beitrag leisten.

Den Einbezug der Bevölkerung in die wissenschaftliche Datenerfassung nennt man «Citizen Science» (mehr dazu im Input «Citizen Science – gemeinsam Wissen schaffen»). Auch tote Dachse, wie zum Beispiel Straßenopfer, geben einen Hinweis, ob Dachse in einer Region vorkommen oder nicht (mehr dazu im Kapitel «Populationsentwicklung und Gefährdung des Dachses»).

Fang-Wiederfang-Methode: Die Fang-Wiederfang-Methode wird in der Wildtierbiologie eingesetzt, um Tiere zu zählen. Dabei werden die Tiere zum Beispiel in mit Futter bestückten Lebendfallen gefangen, individuell markiert und dann wieder freigelassen. Diese Fangaktionen werden zu einem späteren Zeitpunkt wiederholt. Anhand der Anzahl bereits markierter Tiere und der noch nicht markierten Tiere, die bei den späteren Fangaktionen gefangen werden, kann die Populationsgröße geschätzt werden. Da das Fangen und Markieren der Dachse sehr aufwendig ist, kommt diese Methode vor allem dann zum Einsatz, wenn die Dachse auch aus anderen Gründen gefangen werden müssen, zum Beispiel im Rahmen einer Impfkampagne (mehr dazu im Input «Rindertuberkulose in Großbritannien und Europa»).

Telemetrie: Die Radio-Telemetrie oder die GPS-Telemetrie setzt man ein, um mehr darüber zu erfahren, wie Dachse sich in ihrem Lebensraum bewegen und wie sie diesen nutzen. Dazu fängt man die Dachse ein und versieht sie unter Narkose mit einem Senderhalsband, das entweder mit einem Radio-Telemetrie-Sender oder einem GPS-Sender bestückt ist. Die beiden Methoden unterscheiden sich in ihrer Funktionsweise und werden daher zum Teil unterschiedlich eingesetzt: Bei der

Radio-Telemetrie senden die Sender Signale im hochfrequenten Megahertz-Bereich aus. Ein Empfänger empfängt diese Signale und erzeugt Peilsignale. Auf der Suche nach dem Tier richtet man die Funkantenne des Empfängers in verschiedene Richtungen aus. Ist das Peilsignal schwach, stimmt die Richtung noch nicht. Wird das Peilsignal aber stärker, nähert man sich der richtigen Richtung an, bis man das mit dem Sender markierte Tier schließlich orten kann. Diese Methode wird besonders bei Studien zum Verhalten oder in der Ökologie verwendet, da man mithilfe des Telemetrie-Senders dem Tier gut folgen und dieses auch wieder auffinden kann, sollte man es aus den Augen verlieren. Eine neuere Entwicklung sind GPS-Datenlogger. Mit ihnen ist es möglich, die Positionsdaten des besenderten Tieres in regelmäßigen Intervallen automatisch zu ermitteln, zu speichern und abzurufen. Der Vorteil dieser Methode ist zum einen, dass sie viel mehr Daten über die Bewegungsmuster und Streifgebiete der Tiere sammeln und zum anderen, dass man den Tieren draußen nicht mehr selbst folgen muss, was sehr zeitintensiv wäre. GPS-Logger und Telemetrie-Sender können auch mit physiologischen Datenloggern kombiniert werden, die zum Beispiel Daten zu Herzfrequenz oder Körpertemperatur liefern, oder auch mit triaxialen Beschleunigungsmessern, die die Bewegung im dreidimensionalen Raum überwachen.

Molekularbiologische Methoden: Für molekularbiologische Untersuchungen, wie zum Beispiel genetische Analysen, nutzt man Tiere, die man zu Forschungszwecken gefangen oder tot aufgefunden hat. Die Auswertung von Haar- oder Gewebeproben ermöglicht unter anderem einen Einblick in die Populationsgenetik und kann so den Verwandtschaftsgrad zwischen Individuen sowie zwischen Populationen zeigen.

Ein Dachsweibchen wurde hier mit zwei Ohrmarken markiert, die der individuellen Erkennung dienen, und mit einem Funkhalsband versehen, dessen Signale man mit einem Empfänger registrieren kann.

Indirekte Nachweismethoden

Wildtierkameras, auch Kamerafallen genannt, sind eine weit verbreitete, indirekte Nachweismethode. Diese Kameras werden durch Bewegung und Wärme ausgelöst. Bewegt sich ein Wildtier in das Sichtfeld der Kamera, wird es automatisch fotografiert. Die meisten Kameras verwenden einen Infrarot-Blitz, der die Tiere nicht stört. Die Wildtierkamera wird an einem Standort aufgestellt, wo man Dachse erwartet, zum Beispiel an einem Wildwechsel, vor einem Bau oder in einem Garten. Wildtierkameras können entweder Videos oder Bilder aufzeichnen. Welches Format man wählt, hängt von der Fragestellung ab. Für eine Verhaltensstudie sind Videos gut geeignet, während für eine Bestandsaufnahme meist Bilder ausreichen.

Mit einer Zählung von Dachsbauen kann man das Dachsvorkommen in einem Gebiet und die ungefähre Anzahl Dachse erheben. Untersuchungen von Dachsbauen ergaben bereits spannende Einblicke in das Leben der Dachse (mehr dazu im Abschnitt «Wo Dachse leben»). Unter anderem hat man verlassene Dachsbaue mithilfe von Baggern oder von Hand ausgegraben und kartiert.

Auch die verschiedenen Spuren, die Dachse hinterlassen, nutzt man, um mehr über Dachse herauszufinden. Dazu gehören zum Beispiel Pfotenabdrücke, auch Trittsiegel genannt. Wie diese aussehen, wird im Kapitel «Spuren der heimlichen Nachbarn erkennen» genauer beschrieben. Da Trittsiegel normalerweise nicht sehr lange erkennbar sind, bedeutet ein Fund, dass der Dachs das entsprechende Gebiet vor nicht allzu langer Zeit besucht haben muss. Haarbüschel an Stacheldrahtzäunen oder Kratzspuren an Pfosten und Bäumen können ebenfalls auf die Präsenz von Dachsen hinweisen. Die typischen Latrinen wiederum, wo Dachse ihren Kot

Für ein Forschungsprojekt hat man farbige Pellets in die Nahrung der Dachse gemischt, um die Reviergröße der Dachs-Clans zu erforschen. Die Dachse scheiden die farbigen, aber ungiftigen Pellets mit dem Kot wieder aus, den sie typischerweise in Latrinen absetzen. Daraus lässt sich ableiten, wo die Reviergrenzen des Dachs-Clans verlaufen.

Bei der Methode der Umwelt-DNA sammelt man Proben aus der Umwelt, zum Beispiel in Bächen. Findet sich in der Probe DNA eines Dachses, kann man daraus schließen, dass er oberhalb des beprobten Bachs vorkommt.

absetzen, verraten mehr als nur die Anwesenheit von Dachsen. Denn anhand des Kots kann man untersuchen, wie die Nahrung im entsprechenden Gebiet zusammengesetzt ist oder auch, wie stark die Dachse mit Parasiten belastet sind. Kot eignet sich ebenfalls, um die Reviergrenzen zu untersuchen. In einer Studie wurden dazu unverdauliche und ungiftige Kunststoffpellets in Ködern versteckt und diese an verschiedene Dachsfamilien verfüttert. Dabei wurde für jede Familie eine andere Pelletfarbe verwendet. Auf diese Weise konnte der Kot in den Latrinen der jeweiligen Familie zugeordnet und damit deren Reviergrenzen eindeutig identifiziert werden. Diese Methode eignet sich besonders für Dachse, da sie ihre Reviergrenzen mit Latrinen markieren.

Eine neue Nachweis-Methode ist die Umwelt-DNA, auch eDNA genannt. Dabei wird Erbsubstanz (DNA) gesammelt, die Dachse in die Umwelt abgeben, zum Beispiel beim Trinken, beim Atmen oder mit dem Kot. Diese DNA kann man aus dem Wasser, der Luft, dem Boden oder auch aus dem Schnee gewinnen. Dazu werden meistens Filter verwendet, die das Erbgut zurückhalten. Die so gewonnenen Proben lassen sich anschließend im Labor auswerten. Zwar kann man mit dieser Methode (noch) nicht die Anzahl der Dachse in einem Gebiet bestimmen. Doch lässt sich zum Beispiel mit einer Wasserprobe aus einem Bach nachweisen, dass Dachse im Gebiet bachaufwärts unterwegs sind.

Input

Citizen Science – gemeinsam Wissen schaffen

Citizen Science, auf Deutsch Bürgerwissenschaften, sind Forschungsprojekte, an denen Interessierte aus der breiten Bevölkerung teilnehmen. Von solchen Projekten können sowohl die Forschungsleiter:innen als auch die Hobbyforscher:innen profitieren: Erstere erhalten wertvolle Daten und Letztere lernen ein neues Forschungsfeld kennen, erhalten konkrete Einblicke in wissenschaftliche Tätigkeiten und können sich aktiv einbringen. Citizen Science bietet zudem die Möglichkeit, Wissenschaft praxisnaher zu gestalten. Bei Citizen Science Projekten in der Biologie helfen die Freiwilligen meist bei der Datenaufnahme im Feld, so auch bei Projekten in der Dachsforschung. Sie helfen zum Beispiel dabei, Beobachtungsmeldungen von Dachsen zu sammeln. Damit kommen die Forscher:innen zu Daten, die sie ohne diese Mithilfe gar nicht oder nur mit sehr viel Aufwand hätten sammeln können. Da die Dachsforschung sehr aufwendig ist, kommt Citizen Science als Methode hier häufig zum Einsatz.

Ein Beispiel für ein Citizen Science Projekt ist die Meldeplattform stadtwildtiere.ch (stadtwildtiere.at/stadtwildtiere.de). Im Rahmen eines Projektes dieser Meldeplattform haben Hobbyforscher:innen Dachssichtungen gemeldet und Kamerafallen aufgestellt und damit mitgeholfen, das Vorkommen der Dachse in Schweizer Städten zu untersuchen. Die Resultate aus diesem Forschungsprojekt zeigten, dass der Dachs die Städte Zürich und St.Gallen zunehmend häufiger besiedelt. Weitere Beispiele von Plattformen, auf denen Dachsbeobachtungen gemeldet werden können, sind: iNaturalist, Naturgucker, Ornitho, Wilde Nachbarn. Das Projekt «Living with mammals» aus England geht noch einen Schritt weiter. Dort werden die Freiwilligen aufgerufen, eine Grünfläche wie zum Beispiel einen Park oder einen Garten einmal pro Woche nach Spuren von Säugetieren abzusuchen und diese zu melden.

Dachse sind schwierig direkt zu beobachten. Daher setzt man in Citizen Science Projekten oftmals Wildtierkameras ein.

Hier erhalten die Freiwilligen eine Anleitung, wie eine Wildtierkamera funktioniert.

Fokus der bisherigen Dachsforschung

In der ersten Hälfte des letzten Jahrhunderts beschränkte sich die Forschung vor allem auf die klassische Biologie und Ökologie der Dachse. Man erforschte, wovon sich Dachse ernähren, wie sie den Lebensraum nutzen und wie sich ihre Population über die Zeit entwickelte. In der zweiten Hälfte des letzten Jahrhunderts kamen neue Themen hinzu: Man untersuchte sowohl die Dachsbaue genauer, als auch die Aktivitätsmuster, das Fortpflanzungsverhalten, die Physiologie und die Kommunikation der Dachse untereinander. Anfang der 1980er-Jahre erschienen die ersten Artikel aus Großbritannien zum Vorkommen von Dachsen in Städten. Seit der Jahrtausendwende wird in Großbritannien intensiv daran geforscht, welche Rolle die Dachse bei der Übertragung von Rindertuberkulose spielen und welche Auswirkungen das Dachsmanagement auf die Sozialstruktur der Dachse hat. Weltweit hat man in den letzten 25 Jahren in der Dachsforschung die bisherigen Themen weiter vertieft und auf weitere Aspekte zum Verhalten, aber auch auf Krankheiten oder die Interaktionen mit anderen Tierarten ausgeweitet. Neuere Methoden wie die GPS-Telemetrie und Fortschritte auf dem Gebiet der Genetik und Medizin ermöglichen zudem die Erforschung neuer Fragestellungen wie zum Beispiel Nachweise von Dachsen mittels Umwelt-DNA oder die genauere Berechnung der nächtlichen Streifgebiete dank neuer GPS-Technologie.

Linke Seite: Das Fortpflanzungsverhalten von Dachsen ist komplex und bei diesem nachtaktiven Tier nicht einfach zu erforschen..

Oben: Meistens stellt man sich den Dachs wohl als eher behäbiges Tier vor. Doch er kann erstaunlich schnell rennen, wie beim hier in vollem Ga.opp übers Feld sprintenden Dachs schön zu sehen ist.

Input

Dachsforschung in der Stadt Zürich

Dass mittelgroße Raubtiere in Städten leben, ist keine neue Entwicklung. Schon in den 1940er-Jahren beobachtete man vermehrt «Stadtfüchse» in England, ab den 1980er-Jahren dann auch auf dem Kontinent, und in den 1990er-Jahren hat man diese Art intensiv in der größten Schweizer Stadt, in Zürich, untersucht. Doch die Füchse blieben nicht alleine. Denn in den letzten 25 Jahren häuften sich anekdotische Hinweise, dass dieselbe Entwicklung auch bei Dachsen stattfindet. Daher hat man in einem Forschungsprojekt in Zürich untersucht, ob die Dachse tatsächlich in die Fußstapfen der Stadtfüchse getreten und ebenfalls zu «Städtern» geworden sind. Um diese Frage zu beantworten, hat man unterschiedliche Datengrundlagen aus verschiedenen Jahren miteinander verglichen.

Als erste Grundlage dienten die Daten zu den Fallwildzahlen aus dem Wildschonrevier der Stadt Zürich. Sie zeigten, dass die Anzahl Dachse, die im Verkehr gestorben waren, zwischen 1996 bis 2017 signifikant zugenommen hatten. Dies deutet auf einen Anstieg der Dachspopulation in der Stadt hin.

Als zweite Grundlage dienten Daten aus Studien mit Wildtierkameras, die in den Jahren 1997 bzw. 2014 in der Stadt Zürich durchgeführt worden waren. Der Vergleich der Daten aus diesen beiden Studien zeigte, dass 2014 an dreimal mehr Wildtierkamera-Standorten Dachse nachgewiesen werden konnten als noch 1997.

Als dritte Grundlage wurden zufällige Dachsbeobachtungen aus der Bevölkerung und von Wildhüter:innen für einen Vergleich herangezogen. Die Beobachtungen waren zwischen 1986 und 1995 von der Stadt Zürich und zwischen 2008 und 2017 über die Meldeplattform stadtwildtiere.ch gesammelt worden. Die Vergleiche zeigten, dass Dachse in den 1980er- und 1990er-Jahren vor allem in Stadtrandgebieten in der Nähe des Waldes vorkamen. Doch ab den 2000er-Jahren breiteten sich die Dachse über das gesamte Stadtgebiet aus und stießen sogar bis ins Stadtzentrum vor.

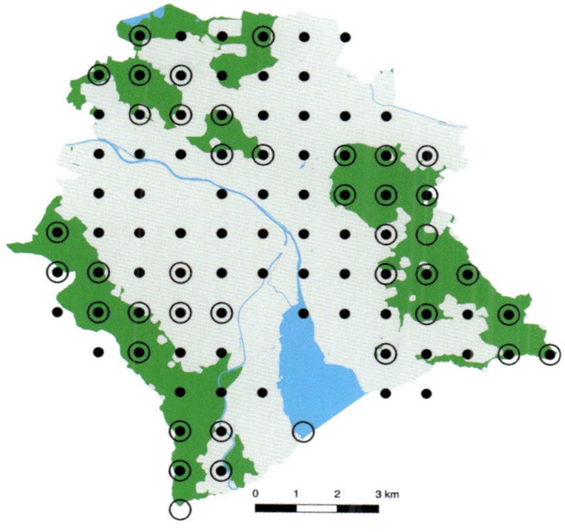

Zwar stammen die Daten, die für dieses Forschungsprojekt ausgewertet wurden, aus verschiedenen Quellen und wurden mit drei unterschiedlichen Methoden – Fallwildzahlen, Wildtierkameras und direkten Beobachtungen – erhoben. Dennoch zeigen sie alle dasselbe Bild: Dachse werden insbesondere in Städten häufiger. Die Entwicklung der Dachse ähnelt also derjenigen der Stadtfüchse einige Jahrzehnte zuvor. Verwunderlich ist das nicht. Ähnlich wie Füchse sind Dachse Allesfresser und flexibel bezüglich ihres Lebensraums. Beide Arten zeigen keine allzu große Scheu vor den Menschen und dem menschlich geprägten Lebensraum, die sogenannte «urban tameness». Diese Eigenschaft hat vermutlich sowohl den Füchsen als auch den Dachsen dabei geholfen, den neuen, urbanen Lebensraum für sich zu nutzen. Wir können also mittlerweile durchaus von Stadtdachsen sprechen. Ähnliche Trends konnten auch in anderen Städten festgestellt werden, so zum Beispiel in London oder Berlin.

Zufällige Beobachtungen von Dachsen in der Stadt Zürich aus den Jahren 1986–1995 (Kreise) und 2008–2017 (Punkte) zeigen: In jüngerer Zeit sind Dachse in den Städten weiter verbreitet und nicht nur auf waldnahe Gebiete beschränkt. (Die Kreise und Punkte kennzeichnen mindestens eine Dachsbeobachtung innerhalb des entsprechenden 1 km²-Quadrates im entsprechenden Zeitintervall.)

Dachse in unserer Nachbarschaft

Spuren der heimlichen Nachbarn erkennen

Obwohl Dachse im Siedlungsraum teilweise direkt vor unserer Haustür in unseren Gärten leben und durch dieselben Parks streifen, die auch wir nutzen, sind wohl die wenigsten Menschen schon einem Dachs begegnet. Denn Dachse sind hier nachts, vor allem in der zweiten Nachthälfte, unterwegs. Schon häufiger kann man ihre Spuren entdecken, wie einen Dachsbau, Wühlspuren, eine Latrine oder ihre Fußabdrücke (Trittsiegel). Diese Spuren ermöglichen uns einen kleinen Einblick in das heimliche Leben der Dachse.

Dachsbau – wo Dachse den Tag und den Winter verbringen

Große Dachsbaue sind komplexe, unterirdische Bauwerke mit vielen Eingängen (mehr dazu im Abschnitt «Wo Dachse wohnen: Der Dachsbau»). An ihnen bauen verschiedene Generationen von Dachs-Clans über Jahrzehnte. Neuere Baue oder Standorte mit wenig Ausbaumöglichkeiten sind hingegen kleiner und unscheinbarer. Allerdings graben nicht nur Dachse unterirdische Wohnungen, auch Kaninchen und Füchse legen Baue an. Daher ist nicht automatisch jeder Bau ein Indiz für eine Dachsfamilie in der Nähe.

Kaninchenbaue sind deutlich kleiner als Fuchs- und Dachsbaue. Die Eingänge sind rundlich und haben ungefähr den Durchmesser eines Tennisballs. Da der Fuchs deutlich schlanker als der Dachs ist, sind die Eingänge eines reinen Fuchsbaus etwas kleiner und zudem höher und enger als bei Dachsbauen. Es kommt auch vor, dass sich Fuchs und Dachs einen Bau teilen. Dachse brauchen Eingänge mit einem Durchmesser von etwa 25 cm. Im Verlaufe der Zeit werden sie allerdings oftmals größer und ausladender. Da die Eingänge steil nach unten führen, rutschen die Dachse eher hinunter, als dass sie klettern, und hinterlassen daher beim Hineinschlüpfen oftmals Krallenspuren. Ein weiteres Merkmal bei von Dachsen bewohnten Bauen sind die typischen Rinnen, die entstehen, wenn Dachse Erde aus dem Bau schieben. Zudem findet man in der Nähe von Dachsbauen Latrinen, meist eine Ansammlung kleiner Mulden, in denen Dachse ihren Kot absetzen. Füchse hingegen setzen Kot verteilt und oftmals erhöht ab, zum Beispiel auf einem Stein oder sogar offen auf einem Weg. Während der Jungenaufzucht findet man bei Fuchsbauen oft Futterreste oder geklaute Schuhe, die sie den Jungtieren zum Spielen bringen. Beim Dachsbau findet man meistens keine solchen Überreste. Auch der typische Fuchsgeruch verrät einem, ob der Bau von Füchsen bewohnt ist.

Oft sind Dachsbaue im Wald, an Waldrändern, in Gärten, in Obstplantagen oder in Parkanlagen zu finden, da sie hier Nahrung wie zum Beispiel Fallobst und

Essensreste, aber auch Wiesen mit Regenwürmern und Insekten finden. Gemüsebeete und Komposte bieten dort Nahrung direkt vor dem Baueingang.

Allerdings sind Baue sehr sensible und wichtige Orte für die Dachse und sollten nur aus Distanz beobachtet werden.

Die Eingänge in den Dachsbau sind oft recht breit und weisen Rinnen und Schleifspuren auf. Diese entstehen, wenn Dachse Erde aus dem Bau schaufeln, trockenes Laub als Polstermaterial in den Bau schaffen und altes Material wieder hinausbefördern.

Wühlspuren – Indizien der Nahrungssuche

Sucht der Dachs nach Regenwürmern und Engerlingen, gräbt er mit seiner Nase und den Vorderpfoten in die Erde und hinterlässt so zahlreiche Löcher. Diese Wühlspuren sind meist als etwa 5–10 cm lange, faustgroße Vertiefungen erkennbar. Bei reichem Nahrungsangebot können die Wühlspuren jedoch recht großflächig sein.

Auch andere Wildtiere suchen den Boden nach Nahrung ab und hinterlassen Grabspuren, die denen von Dachsen ähneln können. Wildschweine wühlen den Boden jedoch großflächiger um, die Grabspuren sind meist tiefer und oftmals ist die komplette Grasnarbe verschwunden. Kleinere, nur wenige Zentimeter tiefe Löcher können von Igeln stammen. Mit Grabspuren von Dachsen verwechselt werden können auch freigelegte Gänge von Wühlmäusen oder Erdanhäufungen von manchen Wühlmausarten und Maulwürfen.

Linke Seite: Auf der Suche nach Nahrung kann der Dachs ungefähr Faustgroße Löcher in den Rasen graben. Igelspuren können ähnlich aussehen, sind jedoch viel kleiner.

Oben: Die Wühlspuren von Wildschweinen sind meist großflächiger als die von Dachsen und die Grasnarbe ist über einen größeren Bereich zerstört.

Unten: Auf der Suche nach Regenwürmern hinterlassen Dachse im Rasen deutliche Wühlspuren.

Latrinen – das Dachsklo

Eine Besonderheit der Dachse ist, dass sie Latrinen anlegen. Das sind kleine, flache Gruben mit einem Durchmesser von etwa 10–20 cm und einer Tiefe von 5–30 cm, die Dachse anlegen, um ihren Kot und Urin darin abzusetzen. Manchmal werden mehrere Hundert Gruben dicht nebeneinander angelegt. Diese Felder können bis zu 400 m^2 umfassen. Die Dachse legen Latrinen meist am Rand ihres Territoriums an, wo sie zur Grenzmarkierung des Reviers dienen, aber auch im Inneren des Territoriums oder sogar im Inneren des Baues. Letztere nutzen vor allem Jungtiere und die Weibchen während der Jungenaufzucht.

Der Dachskot kann aus Insektenresten, Haaren, Körnern oder Beeren bestehen und hat meist eine raue Oberfläche. Doch um Kot von Dachsen zu erkennen, sind Latrinen das beste Merkmal, denn kaum eine andere Tierart hinterlässt ihre Ausscheidungen auf diese Weise.Füchse zum Beispiel setzen ihren Kot häufig an exponierten Stellen wie Steinen, Schachtdeckeln oder Baumstümpfen ab. Und Katzen decken ihren Kot normalerweise mit Erde zu.

Dachse setzen ihren Urin und Kot in kleinen Gruben ab. Meistens findet man eine Ansammlung solcher Gruben. In diesem Fall spricht man von Latrinen.

Durchgänge – Bahn frei für den Dachs

Trotz ihrer etwas plumpen Erscheinung sind Dachse erstaunlich wendig. Sie können auch problemlos Höhen von rund 80 cm überwinden und auf Mauern oder Stufen hinaufspringen. Dachse nutzen sehr gerne immer wieder dieselben Wege und Trampelpfade, auch Wechsel genannt. Auf ihren nächtlichen Streifzügen zwängen sie sich schon mal unter einem Maschendrahtzaun hindurch oder graben Durchschlupfe, damit sie ins benachbarte Grundstück gelangen, oder sich bei Gefahr schnell in den Schutz einer Hecke oder eines Gebüsches zurückziehen können. Doch immer wieder versperren ihnen für sie unüberwindbare Barrieren den Weg zu Grünflächen oder Versteckmöglichkeiten.

Um den Dachsen das Leben im Siedlungsraum zu vereinfachen, kann man daher bei Mauern über 80 cm Höhe und bei Gartenzäunen darauf achten, dass sie Durchgänge aufweisen. Diese müssen einen Durchmesser von ca. 25 cm haben, damit ein Dachs sie nutzen kann. Und damit die Grünfläche nicht zur Sackgasse wird, sollten mehrere solcher Durchschlupfe an verschiedenen Orten vorhanden sein. Die Vernetzung der Gärten und Grünflächen ist nicht nur für den Dachs, sondern auch für andere Wildtiere wie den Igel und das Eichhörnchen wichtig, damit sie potenziell wertvolle Lebensräume überhaupt erst erreichen können. Daher braucht es für die Förderung der Biodiversität im Siedlungsraum nicht nur eine naturnahe Gestaltung der Grünflächen, sondern gleichzeitig eine Vernetzung dieser Lebensräume.

Der Dachs klettert erstaunlich gut und schafft es hier, den Zaun zu überwinden, um an das Vogelfutter zu gelangen.

Dachse können Mauern von gut 80 cm noch überwinden. Sind sie höher, werden sie für sie zur Barriere.

Bei einem Maschendrahtzaun kann man einen Durchgang für Wildtiere schaffen, indem man ein paar Maschen aufschneidet oder zurechtbiegt.

Zäune, die bis zum Boden reichen, können für Dachse und andere Wildtiere unüberwindbare Barrieren darstellen. Sie zwingen die Tiere zu Umwegen oder versperren ihnen den Zugang zu für sie wertvollen Grünflächen.

Spuren von Dachsen sind anhand der fünf Zehen in einer Linie und der deutlich sichtbaren, langen Krallen meist gut zu bestimmen.

Das Trittsiegel eines Fuchses mit den vier in einem Dreieck stehenden Zehen und den kürzeren Krallen unterscheidet sich deutlich von den Dachsspuren.

Trittsiegel – die Fußabdrücke des Dachses

Wenn man im Wald oder im Stadtpark unterwegs ist, fallen einem im matschigen Boden oder im Schnee vielfach Spuren auf, die Wildtiere hinterlassen haben. Die Fußabdrücke der Wildtiere, auch Trittsiegel genannt, machen sichtbar, wo die Wildtiere in der Nacht durchgegangen sind. Anhand der Form dieser Trittsiegel kann oft die Art bestimmt werden. Bei Dachsen können die Fußabdrücke meist gut zugeordnet werden, denn die fünf Zehen mit den typischen langen und in einer leicht gebogenen Linie angeordneten Krallen sind meistens deutlich erkennbar und unterscheiden sich von den Abdrücken von Fuchs- oder Hundepfoten, die nur vier Zehen haben, welche in einem Dreieck angeordnet sind. Die Dachs-Krallen sind am Vorderfuß deutlich länger als am Hinterfuß. Die fünf Zehenballen sind auf einer leicht gebogenen Linie angeordnet. Der große Ballen in der Mitte ist länglich und gebogen. Der Pfotenabdruck des Dachses ist 5–7 cm lang und etwa 4 cm breit.

Beobachtungstipp: Wildtierkamera

Die beschriebenen Spuren können Hinweise auf das Vorkommen von Dachsen liefern. Den besten Nachweis, dass ein Dachs den Garten besucht, bietet jedoch eine Wildtierkamera. Diese batteriebetriebenen Kameras sind wasserdicht und können im Garten aufgestellt und über Monate genutzt werden. Die Kamera macht Bilder oder Videos, sobald die Infrarotsensoren eine Bewegung eines warmen Objektes, also zum Beispiel eines Dachses, registrieren. Gute Plätze fürs Aufstellen einer Kamera sind zum Beispiel solche in unmittelbarer Nähe von Wildwechseln. Das sind Pfade, die von Wildtieren häufig genutzt werden. Meist erkennt man sie an plattgedrückter Vegetation oder schmalen Trampelpfaden im Gras oder Boden. Auch ein Kompost, ein Durchgang im Zaun oder eine Wasserstelle können spannende Orte für eine Wildtierkamera sein. Bei der Wasserstelle sollte man unbedingt auf eine gute Hygiene achten und das Wasser häufig wechseln (mehr dazu im Abschnitt «Ein dachsfreundlicher Garten»). Weiter bieten sich Leitstrukturen als Kamerastandorte an. Viele Wildtiere nutzen den Schutz von linearen Strukturen wie Hecken oder Mauern für ihre Streifzüge. Idealerweise richtet man die Wildtierkamera der Länge nach auf solche Strukturen aus, sodass die Wildtiere möglichst lange im Bild der Kamera sind, wenn sie an der Struktur entlanggehen. Bei einem senkrechten Winkel der Kamera zur Leitstruktur sind die Tiere nämlich meist schon aus dem Bild gehuscht, bevor die Kamera aufgrund der Bewegung auslösen konnte. Die Kamera wird außerdem am besten etwa auf Augenhöhe des abzulichtenden «Fotomodells» aufgestellt. Beim Dachs wäre dies leicht unterhalb des Knies eines Menschen, auf etwa 30 cm Höhe. Um die Wildtiere und auch die Nachbarn nicht zu stören, lohnt sich das Aufstellen einer Kamera mit Infrarot- oder Schwarzblitz. Die in der Nacht aufgenommenen Bilder sind dann zwar in Graustufen,, doch dafür ist der Blitz für die Wildtiere beinahe unsichtbar. Weißblitz hellt das Bild zwar stärker auf und ermöglicht farbige Bilder auch in der Nacht, doch das helle Blitzlicht kann die Wildtiere ebenso wie die Nachbarn stören. Nach einigen Wochen des Wildtierkamera-Einsatzes lohnt es sich gegebenenfalls, die Kamera an einen anderen Ort zu verschieben, um die Wahrscheinlichkeit zu erhöhen, einen Dachs fotografisch einzufangen.

Oben: Wer hat diese Spuren hinterlassen? Mit Wildtierkameras kann man den nächtlichen Besuchern im Garten auf die Schliche kommen.

Rechte Seite oben:Teiche und Gewässer sind besonders im Sommer gute Standorte für eine Wildtierkamera, da sie von vielen Tieren als Trinkgelegenheit genutzt werden.

Rechte Seite unten: Mit etwas Glück erhält man mithilfe von Wildtierkameras tolle Schnappschüsse der Dachse im eigenen Garten.

Beobachtungstipp: Nachtspaziergang

Aufgrund der nachtaktiven und heimlichen Lebensweise benötigt man viel Glück, um einen Dachs anzutreffen. Auch wenn die Wahrscheinlichkeit auf eine Dachssichtung eher gering ist, ist ein Spaziergang in der Nacht dennoch eine Möglichkeit, den Siedlungsraum zu der Zeit zu erleben, in der die Dachse und andere nachtaktive Wildtiere unterwegs sind. Hat man das Glück, einen Dachs zu anzutreffen, sollte man sich ruhig verhalten und die Beobachtung in gebührendem Abstand genießen. Auch Dachsbaue sollte man nur aus der Distanz beobachten, damit man den sensiblen Wohnort der Dachse nicht stört. Dachsbeobachtungen können auf Meldeplattformen wie StadtWildTiere, Wilde Nachbarn oder iNaturalist gemeldet werden. Diese Projekte nutzen solche Meldungen, um das Vorkommen der Dachse zu erforschen und die Wildtiere fördern zu können. Weitere Informationen zum Melden von Beobachtungen sind im Input «Citizen Science – gemeinsam Wissen schaffen» zu finden.

Wildwechsel sind Pfade, die von Wildtieren häufig genutzt werden. Dieser führt direkt zu einem bewohnten Dachsbau.

Auf einem Nachtspaziergang trifft man mit etwas Glück auch im Siedlungsraum einen Dachs oder, wie in diesem Fall, sogar eine ganze Gruppe Dachse an.

Input

Interview mit Tierfilmer Jost Schneider

Jost Schneider ist ein ehemaliger Primarlehrer, Biologe und heute ein international renommierter Tierfilmer. Für das Interview waren wir mit Jost Schneider in einem Stadtwald von St. Gallen in der Schweiz unterwegs und durften mit ihm ausnahmsweise einen großen und über Generationen hinweg genutzten Bau eines Dachs-Clans besuchen. Er hat diesen Clan über Jahre hinweg mit Wildtierkameras beobachtet, wodurch er viel über diese Art erfahren hat. Das riesige Bausystem wird auch von Füchsen benutzt, worauf typische frische Beutereste hindeuten.

Was bedeutet der Dachs für Sie?
Ich war schon als Jugendlicher häufig in der Natur unterwegs und habe alle möglichen Tiere beobachtet. Später habe ich Studien über Rehe durchgeführt, für die ich oft im Wald unterwegs war. Mit dem Dachs befasse ich mich seit ein paar Jahren intensiver. Um mehr darüber zu erfahren, wie die Dachse ihren Bau graben, habe ich eine Wildtierkamera bei einem Dachsbau aufgestellt. Zu dieser einen Wildtierkamera sind dann mit der Zeit weitere hinzugekommen, denn der Bau war groß und weit verzweigt! Zum Schluss hatte ich acht Kameras platziert, mit denen ich das Leben der Dachse beobachten konnte.

Was war das Faszinierendste, das Sie durch diese Aufnahmen über die Dachse erfahren haben?
Die entstandenen Aufnahmen erlaubten mir einen tiefen Einblick in das intensive Familienleben der Dachse, das man bei einem nachtaktiven Tier sonst eigentlich nicht beobachten kann. Die Kameras erlaubten mir, das Verhalten der Dachse zu beobachten, ohne selbst anwesend sein zu müssen und sie dadurch möglicherweise zu stören. So konnte ich verfolgen, wie sich die Dachse jeweils bei Einbruch der Dunkelheit vor dem Bau versammeln und sich intensiv gegenseitig pflegen – insbesondere am Kopf, den sie sich selber schlecht putzen können – wie sie ruhen und miteinander spielen, oder wie die

Weibchen die Jungtiere säugen. Auch handfeste Streitereien kamen vor, bei denen es ziemlich laut und ruppig zugehen konnte. Spannend war auch, die vorsichtigen Reaktionen beobachten zu können, wenn ein fremdes Tier zur Gruppe stößt. Das facettenreiche Sozialleben dieses Dachs-Clans hat mich unglaublich fasziniert.

Jost Schneider ist ein international renommierter Tierfilmer. Er zeigt uns in einem Stadtwald von St. Gallen, wie eine Wildtierkamera am besten installiert wird.

Wie lange haben Sie diesen Dachs-Clan beobachtet?
Insgesamt neun Jahre habe ich diese Dachse bei ihrem Bau beobachtet. Dabei habe ich die Lebensgeschichten jedes einzelnen Tieres kennengelernt. Daher waren sie für mich nicht einfach nur Dachse, sondern wurden aus meiner Sicht zu richtigen Persönlichkeiten mit verschiedenen Charakterzügen.

Der Bau ist ein sehr sensibler Ort, an dem man die Dachse nicht stören sollte. Worauf achten Sie als Tierfilmer, wenn Sie hier Aufnahmen machen?
Damit ich sie nicht störe, nähere ich mich dem Dachsbau so selten wie möglich und nur bei Tag, wenn die Dachse im Bau unter dem Boden schlafen. Außerdem benutze ich immer dieselben Pfade, damit nicht die ganze Umgebung nach Mensch riecht.

Wie gelingen Ihnen gute Aufnahmen?
Die Wildtierkameras installiere ich jeweils an Bäumen, ungefähr 2–4 m von einer interessanten Stelle entfernt. Das kann zum Beispiel ein Stück festgetretener Boden sein, der darauf hinweist, dass sich die Dachse an diesem Ort häufig und länger aufhalten. Natürlich sind auch die Ein- und Ausgänge von Dachsbauen interessant. Die Wildtierkameras installiere ich jeweils nicht zu hoch über dem Boden, damit ich das Geschehen aus «Dachssicht» einfangen kann und richte sie leicht nach unten aus, um den Funktionsbereich des Bewegungsmelders und der Kamera zu optimieren. Dazu kann man einen kleinen Stein oder einen Zweig zwischen Wildtierkamera und Baum klemmen. Die Wildtierkamera lasse ich üblicherweise 1–2 Wochen vor Ort und kontrolliere sie dann. Natürlich gelingen nicht immer sofort gute oder die gewünschten Aufnahmen.

Es braucht also viel Geduld.
Richtig, viel Geduld! Mit etwas Glück zeigen sich die Dachse am ausgewählten Ort, doch dank der vielen Kameras sind mir auch viele andere wunderschöne Aufnahmen gelungen, zum Beispiel von säugenden Füchsen, Rehbrunften oder Waldkäuzchen und Hasen. Aus den vielen Stunden Aufnahmen ist schließlich der Film «Dachsgeheimnisse» entstanden, der vom faszinierenden Leben der Dachse und dem Geschehen rund um den Bau erzählt.

Für ein gutes Miteinander

Wie Füchse oder Marder stoßen auch Dachse bei vielen Leuten zuweilen auf Skepsis, da sie Beutegreifer sind und sich schon mal an Heimtieren vergreifen können. Oder sie sorgen als ungebetene Gäste im Garten für Ärger. Allerdings kann man nicht alle Unbill dem Meister Grimbart anlasten, da auch andere Wildtiere einen Hang zur – aus menschlicher Sicht – Unordnung haben und Privatgärten für sich nutzen, Abfallsäcke anknabbern oder auch unerwünschte Dinge wie Schuhe oder Essensreste anschleppen. Umgekehrt aber freut sich so manche:r Gartenbesitzer:in über die nächtlichen Besuche, die eine besondere Gelegenheit sein können, wunderschöne Tierbeobachtungen zu machen und Spannendes über ein sehr heimlich lebendes Tier zu erfahren.

Warum Konflikte zwischen Dachs und Mensch entstehen können

Im Siedlungsraum sind Gärten für Dachse oftmals ein sehr guter Ort, um Nahrung zu suchen. Hier finden sie Regenwürmer und Insekten, die im Rasen oder in den Beeten leben, aber auch Früchte und Beeren. In landwirtschaftlichen Gebieten bedienen sich die Dachse gerne in Korn- oder Maisfeldern. Sind diese Kulturen reif, können sie in gewissen Gebieten einen Hauptteil ihrer Nahrung ausmachen (mehr dazu im Kapitel «Die Lebensweise des Dachses», im Abschnitt «Wovon sich Dachse ernähren»).

Auf der Suche nach Nahrung graben Dachse vielfach Löcher in Rasen und Wiesen oder graben gleich ganze Bahnen im Rasen um, wobei sie ihre starke Schnauze und ihre langen Krallen zu Hilfe nehmen. Tun sie dies in Privatgärten, Parks, auf Golf- oder Fußballplätzen, dann sorgt dies verständlicherweise für ärgerliches Stirnrunzeln bei den Betroffenen. Denn ein Rasen kann danach schon mal fast so aussehen wie ein gepflügter Acker (mehr dazu im Kapitel «Spuren der heimlichen Nachbarn erkennen»).

Komposthaufen, Vogelhäuschen oder gar Müllplätze und Sammelstellen können ebenfalls «unter die Krallen von Dachsen geraten», denn sie bieten dem in seinen Ernährungsgewohnheiten wenig wählerischen Dachs willkommene Nahrung. Dabei hinterlässt er hin und wieder demolierte Installationen und Infrastrukturen wie zum Beispiel defekte Abflussrohre, zerstörte Dämme oder zumindest eine ziemliche Unordnung.

Dachse gehen im Siedlungsraum jedoch nicht nur auf Nahrungssuche, sondern wohnen bisweilen auch gleich hier und legen ihre Baue in Gärten, unter Gartenhäuschen oder in Hecken an. Sofern sie beim Graben des Baues keine Schäden an Gebäuden oder Leitungen anrichten, darf man ihren Einzug durchaus als positives Zeichen deuten, denn der Garten scheint in diesem Fall ganz nach dem Geschmack dieses wilden Nachbarn gestaltet zu sein.

Die Anwesenheit einer Dachsfamilie im Garten gibt einem nicht nur die Möglichkeit, diese Wildtiere bequem vom Sofa aus beobachten zu können. Freuen kann man sich über deren Anwesenheit überdies deshalb, weil sich Dachse auch von Tieren ernähren, die im Garten Schäden anrichten können. Dazu gehören zum Beispiel verschiedene Mäuse, Engerlinge oder Nacktschnecken. Unter anderem deshalb nehmen sie eine nicht unbedeutende Rolle in unseren Ökosystemen ein (mehr dazu im Input: «Schädling» oder «Nützling»? Der Dachs als Dienstleister für das Ökosystem).

Wo Dachse wohnen, lassen sich auch ihre Toiletten finden, sogenannte Latrinen. Sie bestehen aus einer Ansammlung kleiner, flachen Mulden, in die der Kot abgesetzt wird (mehr dazu im Abschnitt «Latrinen – das Dachsklo» im Kapitel «Dachse in unserer Nachbarschaft»). Auch wenn es seltsam klingen mag, aber ein Fund einer Latrine kann ein Grund zur Freude sein, denn auch sie eignen sich hervorragend, um die recht vorsichtigen Wildtiere beobachten zu können, zum Beispiel mit einer Wildtierkamera (mehr dazu im Kapitel «Indirekte Nachweismethoden» oder «Beobachtungstipp: Wildtierkamera»).

Wie kann ich Dachse aus meinem Garten fernhalten?

Will man dennoch keine Dachs-Besuche im Garten, ist eine erste Maßnahme, den Zugang zum Garten und zu den verschiedenen Nahrungsquellen zu verhindern. Stabile, in der Erde gut verankerte Elektrozäune können dem Dachs den Eintritt in den Garten verwehren. Im Garten sollten Komposthaufen oder -gitter abgedeckt und stets gut verschlossen sein und auf den Boden gefallenes Obst gilt es regelmäßig einzusammeln. Setzt man diese Maßnahmen um, muss man sich jedoch bewusst sein, dass man damit auch anderen Wildtieren wie zum Beispiel Igeln den Zugang zum Garten versperrt und Nahrungsquellen entzieht. Um Dachse nicht anzulocken, sollte man Futterschalen für Haustiere so aufstellen, dass sie für Wildtiere nicht zugänglich sind.

Entdeckt man unverhofft einen Dachs im Garten und man möchte ihn vertreiben, kann man ihn zum Beispiel mit Klatschen oder lautem Reden erschrecken.

Der Mais im Garten hat den Dachs angelockt. Auf dem Wildtierkamerabild sind im Hintergrund die reflektierenden Augen des Dachses zu erkennen.

Auf dieser Wiese haben Dachse vermutlich nach Regenwürmern oder Engerlingen gesucht und dabei zahlreiche Löcher hinterlassen, die sie mit ihren kräftigen Krallen gegraben haben.

Müllsäcke sind für Dachse äußerst interessant, da sie oftmals Essensreste enthalten.

Dafür muss man allerdings lange aufbleiben, denn Dachse sind vor allem in der zweiten Nachthälfte unterwegs. Sie lassen sich gegebenenfalls auch mit Wasser vertreiben, indem man den Gartenschlauch einsetzt oder einen Wassersprinkler mit Bewegungsmelder installiert. Systematisch auf ihre Wirksamkeit getestet wurden solche Sprinkleranlagen jedoch noch nicht. Da Dachse sehr feine Nasen haben, kann man versuchen, sie mit Gerüchen zu vertreiben. Zum Beispiel mögen sie den Geruch von Hunden oder von Pfeffer nicht. Daher kann man versuchen, mit dem breitflächigen Auslegen von Hundehaaren und gemahlenem Pfeffer an neuralgischen Stellen den Dachsen die Mahlzeit zu vergällen.

Allerdings gibt es kein Patentrezept und diese Maßnahmen funktionieren oft nur kurzfristig, weil sich die Dachse im Laufe der Zeit meist daran gewöhnen oder das Problem einfach zu umgehen lernen. Auch Licht oder laute Geräusche durch Geräte nützen bei Dachsen nichts und ärgern lediglich die Nachbarn. Auf keinen

Will man keine Dachse im Garten haben, sollte man Komposthaufen gut abdecken.

Fall einsetzen sollte man sogenannte «Katzen-Vertreiber», die Töne im Ultraschallbereich ausstoßen und für Tiere unangenehm sein sollen. Zum einen ist unklar, ob diese Geräte tatsächlich funktionieren. Zum anderen sind auch andere Wildtiere davon betroffen und verlieren dadurch möglicherweise einen Teil ihres Lebensraumes. Auch für die Menschen in der Nachbarschaft können diese Geräte sehr störend sein. Daher sind etwas Geduld und Toleranz gefragt, denn es ist auch gut möglich, dass der Dachs von selbst wieder verschwindet, wenn er nur auf der Durchreise war.

Bei anhaltenden Problemen mit Dachsen wendet man sich am besten je nach Land an die zuständige Jagdbehörde oder die Wildhut. Denn nur sie ist berechtigt einzugreifen und Dachse nachhaltig zu vertreiben, insbesondere beim Bau. Niemals sollte man einen Bau auf eigene Faust zerstören oder den Eingang zuschütten. Will man dennoch zu dieser Maßnahme greifen, muss man sich dabei an die entsprechende Tierschutz- und Jagdgesetzgebung halten und sich mit dem Wildhüter oder der zuständigen Jagdgesellschaft absprechen. Zudem muss man die Schonzeiten berücksichtigen und es dürfen sich auf keinen Fall Tiere im Bau befinden, wenn die Eingänge geschlossen werden (**mehr dazu im Kapitel «Populationsentwicklung und Gefährdung des Dachses» im Abschnitt «Management der Dachs-Populationen auf wissenschaftlicher Basis»**).

Brauchen Dachse unsere Hilfe?

Grundsätzlich brauchen Dachse keine Hilfe oder Förderung durch den Menschen. Denn diese Wildtierart ist in weiten Teilen ihres Verbreitungsgebietes – und damit auch in Deutschland, Österreich und der Schweiz – nicht in ihrem Bestand gefährdet (**mehr dazu im Kapitel «Dachse in unserer Nachbarschaft» und im Kapitel «Populationsentwicklung und Gefährdung des Dachses»**).

Auch wenn wir den Dachs nicht direkt fördern müssen, gilt bei ihm wie bei vielen anderen Wildtieren, dass wir auf ihn Rücksicht nehmen sollten. Denn zum einen nutzen die Menschen den Lebensraum dieser Tiere sehr intensiv, sei es im Wald, im Siedlungs- oder im Landwirtschaftsgebiet. Daher sollte man eine Dachsfamilie in der Nachbarschaft tolerieren, sofern sie keine unverhältnismäßigen Schäden anrichtet. Insbesondere beim Dachsbau ist Nachsicht geboten, denn hier reagieren die Dachse besonders empfindlich auf Veränderungen. Zudem werden Dachsbaue oft über viele Generationen benutzt (**mehr dazu im Kapitel «Die Lebensweise des Dachses», im Abschnitt «Wo Dachse wohnen: Der Dachsbau»**). Und zum anderen besitzt jedes Lebewesen einen Eigenwert. Ihren Eigenwert anzuerkennen bedeutet, dass wir die Tiere um ihrer selbst willen, mit ihren artspezifischen Eigenschaften, Bedürfnissen und Verhaltensweisen, achten und respektieren sollten.

Ein dachsfreundlicher Garten

Wer einen Garten hat und gerne gelegentlich von einem Dachs besucht werden möchte, kann mit ein paar Aufwertungen die Chancen dazu erhöhen. Als Erstes muss der Garten für Dachse gut zugänglich sein. Mauern und Zäune müssen über Durchgänge verfügen, damit die Dachse die Grünfläche überhaupt erreichen können.

Weiter sollte der Garten naturnah gestaltet sein, damit Dachse Nahrung finden. Ein naturnaher Garten bietet verschiedensten Wildtieren einen Lebensraum und ist durch seine Vielfalt und Lebendigkeit ein Ort, der zum Verweilen und Beobachten einlädt. Mit ein paar Umgestaltungen kann jeder Garten zu einem Naturparadies werden.

Einheimische Wildstauden, Sträucher und Bäume schaffen Strukturen und Versteckmöglichkeiten. Da sie einheimisch sind, kommen sie gut mit unserem Klima klar, sind robust, in der Regel pflegeleicht und bieten Nahrung für verschiedenste Wirbellose wie Insekten sowie Kleinsäuger und Vögel. Das ist wichtig, denn das Fördern von Insekten und anderen Wirbellosen ist ein wichtiger Aspekt in der Aufwertung eines Gartens für die Dachse, da Regenwürmer und Insekten die Hauptnahrung der Dachse sind. Eine artenreiche Blumenwiese bietet mehr Wirbellosen eine Lebensgrundlage und so auch dem Dachs mehr Nahrung als ein englischer Rasen. Um Insekten und andere Wirbellose zu fördern, sollten Wiesen gestaffelt gemäht werden, um nicht auf einen Schlag alle Versteckmöglichkeiten für Insekten und alle Blumen auf einmal zu vernichten. Mäht man jeweils nur ein Drittel des Gartens, haben Insekten die Möglichkeit, in den ungemähten Stellen Schutz zu suchen und in den stets blühenden Bereichen Nahrung zu finden.

Wilde Ecken im Garten sind wichtige Lebensräume für verschiedenste Wildtiere wie Insekten und andere Wirbellose, Amphibien und Reptilien, aber auch Säugetiere wie Igel oder eben Dachse. Und ist es nicht schön, wenn man im Namen des Naturschutzes kleine chaotische Ecken im Garten zulassen darf und etwas weniger aufräumen muss?

Obstbäume im Garten liefern Dachsen und anderen Wildtieren Fallobst im Herbst und somit ein wahres Schlemmerbuffet. Äpfel und Birnen sind beliebte Früchte und werden gerne gefressen. Ein Kompost fördert Insekten und andere Wirbellose und ist eine wertvolle Struktur im naturnahen Garten. Um den Wildtieren nicht zu schaden, sollte im Garten auf Pestizide und Kunstdünger verzichtet werden.

Im Siedlungsraum ist Wasser vielfach ein knappes Gut, deshalb kann ein naturnaher Gartenteich insbesondere an heißen Sommertagen ein wahrer Wildtier-Magnet sein. Beim Anlegen eines Teiches ist zu beachten, dass Wildtiere über ein flach abfallendes Ufer gut ans Wasser gelangen können. Falls die Ufer sehr steil sind, ist eine Ausstiegshilfe wichtig, damit hineingefallene Tiere nicht ertrinken. Auch eine Wasserschale kann eine Trinkmöglichkeit darstellen. Dabei sollte jedoch auf eine

In einem naturnahen Garten finden Dachse Nahrung
wie Regenwürmer, Insekten oder Obst.

gute Hygiene geachtet werden, damit sich keine Krankheitserreger ausbreiten und sich Mücken nicht vermehren können. Es empfiehlt sich, die Wasserschale spätestens alle zwei Tage auszuspülen und neu zu befüllen.

Ein naturnaher Garten ist nicht nur für Dachse, sondern auch für viele weitere Wildtiere ein wichtiger und geschätzter Lebensraum. Vielfältig, lebendig und stets für Überraschungen gut, lädt ein solcher Garten auch uns Menschen zum Verweilen, Beobachten und Genießen ein.

Im Sommer, wenn Trockenheit herrscht, kann man Dachsen und anderen Wildtieren Wasserschalen zur Verfügung stellen. Wie man sieht, eignen sich diese zudem sehr gut als Standort für eine Wildtierkamera.

Input

Interview mit der Gartenbesitzerin Cornelia Hürzeler

Cornelia Hürzeler lebt in Albisrieden, einem Quartier in der Stadt Zürich. Eine Wildtierkamera, die sie als Geburtstagsgeschenk erhielt, eröffnete ihr Einblicke in die Welt der Wildtiere in ihrem Garten. Seit über zehn Jahren freut sie sich nun schon über die nächtlichen Besuche der Dachse. Über die Jahre konnte sie viele spannende Beobachtungen machen und Verhaltensweisen der Dachse mit ihrer Wildtierkamera festhalten. Wir haben sie in ihrem Garten besucht und uns über Dachsbekanntschaften vor der Haustür ausgetauscht.

Wann hast du zum ersten Mal einen Dachs beobachtet?
Vor etwa zehn Jahren bemerkte ich zum ersten Mal, dass ein Dachs meinen Garten besucht. Dank einer geschenkten Wildtierkamera konnte ich das nächtliche Treiben der Wildtiere beobachten. Davor war ich weder sonderlich stark an Wildtieren interessiert, noch wusste ich, dass in der Stadt Zürich überhaupt Dachse vorkommen. Ich kontrollierte damals jeden Morgen beim Kaffee die Bilder der Kamera und staunte nicht schlecht, als plötzlich ein Dachs auf einem Wildtierkamerabild erschien. Der Dachs stand im Garten und schaute nach oben in den Himmel. Wir hatten zur selben Zeit, als das Bild aufgenommen wurde, auf dem Balkon gestanden und die Mondfinsternis bewundert. Deshalb hatten wir wohl den Dachs unten im Garten gar nicht bemerkt.

Ist der Dachs wiedergekommen?
Seither besucht uns der Dachs oder seine Nachkommen regelmäßig im Garten. Er kommt fast jede Nacht, meist auch zur selben Zeit, und nutzt immer dieselben Pfade im Garten. Er trinkt an einer Wasserschale, markiert in der Nähe und verschwindet dann zum Nachbargrundstück. Ein Highlight war auch, als vor ein paar Jahren drei Dachse gemeinsam meinen Garten besuchten. Wahrscheinlich handelte es sich um Geschwister. Da war ich völlig begeistert! Denn zwei Dachse sind besser als ein Dachs und drei Dachse sind einfach großartig!

Vermutlich befand sich der Dachsbau gut versteckt auf einem anderen Grundstück. An zwei Orten in der Nachbarschaft gab es Dachsspuren, doch wo genau sich der Dachsbau befand, haben wir nicht herausgefunden. Ich würde mich freuen, wenn wir einen Dachsbau im Garten hätten. Ich würde die Dachsfamilie herzlich willkommen heißen.

Wildtierkameras erlauben im eigenen Garten spannende und überraschende Einblicke in die meist verborgene Welt der Wildtiere.

Hast du in deinem Garten den Dachs auch einmal persönlich angetroffen?
Im eigenen Garten leider nicht. Aber einmal traf ich auf einen Dachs, als ich bei einem Citizen Science Projekt mithalf. Der Dachs versteckte sich in einem Gebüsch neben einem Hauseingang und blieb dort über eine längere Zeit. In der Zwischenzeit verließen Menschen das Haus und gingen am Gebüsch vorbei, ohne zu ahnen, dass sich gleich nebenan ein Dachs versteckte. Diese Beobachtung führte mir vor Augen, dass die Wildtiere Seite an Seite mit uns leben und dass wir wahrscheinlich oft ahnungslos an Fuchs, Igel oder Dachs vorbeigehen. Das

«Zwei Dachse sind besser als ein Dachs und drei Dachse sind einfach großartig», freut sich Cornelia Hürzeler über den Besuch der drei Dachse in ihrem Garten.

war eine spannende Erfahrung, dank der ich den Siedlungsraum nun mit anderen Augen sehe: Er ist ebenso das Zuhause der Wildtiere wie das von uns Menschen.

Wie reagiert dein Umfeld auf die Dachse in deinem Garten? Gab es Konflikte?
Die Menschen sind meist sehr erstaunt, dass es Dachse in der Stadt gibt. Die wenigsten Menschen in meinem Umfeld haben selbst schon einmal einen Dachs gesehen. Die meisten sind interessiert, einige fragen auch nach Konflikten. Doch in meiner Umgebung gab es noch keine Probleme mit den Dachsen. Für manche Menschen ist es ein Problem, wenn die Dachse im Garten graben, doch bei mir wurde in den zehn Jahren kaum gegraben. Und wenn, würde es mich auch überhaupt nicht stören. Die Dachse könnten bei mir auch Beeren ernten, denn ich finde es so schön, dass wir mitten in der Stadt Dachse im Garten haben. Dazu sind sie mit ihrer etwas plumpen Art auch sehr lustig anzuschauen. Ich freue mich jedes Mal, wenn ich einen Dachs auf den Fotos entdecke. Das ist einfach faszinierend.

Wie dachsfreundlich ist dein Garten?
Ich habe einen naturnahen Garten mit Obstbäumen und vielen Pflanzen, die bald mit noch mehr einheimischen Pflanzen ergänzt werden sollen. Außerdem gibt es große Asthaufen im Garten und verschiedene Ecken mit Totholz, sodass auch Insekten einen Lebensraum finden. Im Sommer freut sich der Dachs über das angebotene Wasser. Außerdem kann er sich am Fallobst sattessen und auf den Wiesen nach Regenwürmern suchen.

Hast du Tipps für das Beobachten von Dachsen?
Das Einfachste und Effektivste ist, eine Wildtierkamera im Garten aufzustellen. Sie eröffnet einem den Blick in die «Parallelwelt» der Wildtiere, die vielen Menschen gar nicht bewusst ist. Es ist spannend zu sehen, welche Wildtiere in der Nacht den Garten nutzen.

Seit über zehn Jahren beobachtet Cornelia Hürzeler mit einer Wildtierkamera die Dachse in ihrem Garten.

Doch es braucht selbst mit der Wildtierkamera Geduld. Zu Beginn fotografierte die Wildtierkamera nur Katzen. Nach etwa drei Monaten war der erste Fuchsschwanz auf der Kamera zu sehen, worüber ich mich sehr freute. Als ich dann eine Wasserschale in den Garten stellte, wurde der Garten plötzlich deutlich häufiger von Wildtieren besucht und nach einiger Zeit kam dann auch der erste Dachs.

Wie hat dich die Begegnung mit den Dachsen beeinflusst?
Seit ich auf die Dachse und die anderen Wildtiere in der Stadt aufmerksam geworden bin, bewege ich mich auf andere Weise durch die Straßen. Ich schaue und höre besser hin. Der Einblick in die heimliche Welt der Wildtiere und insbesondere in die der Dachse hat mein Bewusstsein für die Natur in der Stadt verändert und zeigt mir immer wieder, wie vielfältig und schützenswert die Natur auch im Siedlungsraum ist. Es braucht oft gar nicht viel, um der Natur etwas mehr Platz zu geben.

Was möchtest du den Leuten noch mitgeben?
Wenn ihr einen Dachs seht, dann freut euch und genießt die Beobachtung aus der Distanz. Ich wünsche euch «Gut-Dachs-Sehen».

Häufig gestellte Fragen

Steckbrief

• schwarz-weiße Gesichtsmaske	• kurze, schwarze Beine
• weiße Ohrspitzen	• lange Grabkrallen
• schlanker Kopf	• Länge: 72–92 cm
• grauer Rücken	• Gewicht: 7–14 kg, vor dem Winter 15–20 kg
• massiger Körper	• Schulterhöhe: ca. 30 cm

- **Wie kann ich Dachse am besten beobachten?**

Dachse sind scheue, vorsichtige Tiere. Da sie mehrheitlich in der Nacht unterwegs sind, ist es meist schwierig, sie direkt zu beobachten. Im Winter, wenn Schnee liegt, ist es am einfachsten, die charakteristischen Trittsiegel der Dachse zu entdecken. Die Pfade von Dachsen führen oft entlang eines Zaunes oder einer Hecke. An solchen Pfaden kann es sich lohnen, Wildtierkameras aufzustellen. Gute Orte für Wildtierkameras sind auch Latrinen: Löcher in der Erde, wo Dachse ihren Kot absetzen. Beim Dachsbau sollte man Dachse hingegen nicht stören (mehr dazu, wie Dachse beobachtet werden können, im Kapitel «Dachse in unserer Nachbarschaft»).

- **Wie erkenne ich die Fußspuren von Dachsen?**

Bei den Trittsiegeln von Dachsen sind die fünf Zehen, die in einer gebogenen Linie nebeneinanderliegen, und die langen Krallen deutlich erkennbar. Die Trittsiegel von Füchsen und Hunden ähneln sich und sind von den Dachsspuren durch nur vier Zehenabdrücke und wenig deutliche Krallenabdrücke unterscheidbar (mehr dazu im Kapitel «Spuren der heimlichen Nachbarn erkennen»).

- **Wie erkenne ich den Kot von Dachsen?**

Dachse graben üblicherweise kleine Kuhlen in die Erde, die sie wiederholt als Toiletten benutzen – sogenannte Latrinen (mehr dazu im Kapitel «Spuren der heimlichen Nachbarn erkennen»). Füchsen hingegen setzen ihren Kot meistens an exponierten Stellen ab, zum Beispiel in der Mitte eines Weges oder auf einem Schachtdeckel. Katzen vergraben ihren Kot meistens vollständig.

- **Wie kann ich einen Dachsbau von einem Fuchsbau unterscheiden?**

Dachsbaue sind meistens große, unterirdische Bauwerke, welche über viele Generationen von der Dachsfamilie genutzt werden. Manchmal nutzen Füchse und Dachse denselben Bau. Typisch für Dachsbaue sind die großen Öffnungen mit einem Durchmesser von mehr als 25 cm. Außerdem sieht man am Eingang eines Dachsbaus häufig Rinnen, die entstehen, wenn Dachse in den Bau schlüpfen. Bei Fuchsbauen sind oft Nahrungsreste zu finden und ein starker Fuchsgeruch ist wahrnehmbar.

- **Wie verhalte ich mich, wenn ich einem Dachs begegne?**

Verhalten Sie sich ruhig, geben Sie dem Tier genügend Raum und genießen Sie die Begegnung. Beobachtungen von Dachsen können Sie bei Citizen Science-Plattfomen melden. Solche Beobachtungsmeldungen können helfen, das Wissen über die Wildtiere in unserer Nachbarschaft zu verbessern (mehr dazu im Kapitel «Wie wir Dachse erforschen», im Input «Citizen Science – gemeinsam Wissen schaffen» und unter «Weiterführende Links»).

- **Warum leben Dachse in Siedlungsräumen?**

Durch die enorme Ausdehnung der Siedlungsräume in den letzten Jahrzehnten überlappen diese immer stärker mit den angestammten Lebensräumen verschiedener Wildtiere, unter anderem mit denjenigen der Dachse. Dachse leben nicht nur im Wald, sondern dank ihrer großen Anpassungsfähigkeit auch in verschiedenen anderen Lebensräumen (mehr dazu im Kapitel «Wo Dachse leben»). Oftmals bieten gerade Siedlungsräume vielen Wildtieren einen guten Lebensraum, der sogar bessere Bedingungen aufweisen kann als die häufig intensiv bewirtschafteten ländlichen Gebiete. Mehr dazu im Input «Dachsforschung in der Stadt Zürich» und im Kapitel «Dachse in unserer Nachbarschaft».

- **Wo kommen Dachse in Siedlungsräumen vor?**

Dachse finden in durchgrünten Wohnquartieren, naturnahen Friedhofsanlagen oder Stadtpärken einen Lebensraum. Für die Nahrungssuche legen sie mitunter weite Stecken zurück und können dabei eine Vielzahl an Gärten und urbanen Grünflächen nach Futter absuchen. Es gibt verschiedene Citizen Science Meldeplattformen (mehr dazu im Input: «Citizen Science – gemeinsam Wissen schaffen»), auf denen man Beobachtungen von Dachsen und anderen Wildtieren melden kann. Über die Meldeplattformen stadtwildtiere.ch (stadtwildtiere.de/stadtwildtiere.at) und wildenachbarn.ch (wildenachbarn.de/wildenachbarn.at) kann man sich auf einer Karte anzeigen lassen, wo im eigenen Wohnumfeld schon Dachse beobachtet worden sind (mehr dazu unter «Weiterführende Links»).

- **Wie viele Dachse leben im Siedlungsraum?**

Wie viele Dachse in einem Gebiet leben, ist meistens nicht bekannt. Die Anzahl der Dachse in einem Gebiet wird durch die vorhandene Nahrung oder das Angebot an günstigen Standorten für den Bau bestimmt.

- **Wäre es für die Dachse nicht besser, wenn man sie in den Wald zurückbringt?**

Eine Umsiedlung von Dachsen ist nicht empfehlenswert. Denn Dachse und andere Wildtiere kennen ihre gewohnte Umgebung sehr gut und wissen genau, wo sich gute Futterstellen befinden und wo Gefahren lauern. Dieses überlebensnotwendige Wissen müssten sie in einer fremden Umgebung neu erwerben, was oft mit Kämpfen und Stress für die Tiere verbunden ist. Beim Dachs kommt dazu, dass er eng mit seiner Familie und dem Dachsbau verbunden ist. Ein Herausreißen aus dieser Struktur kann für ein einzelnes Clanmitglied fatal sein und sogar tödlich enden.

- **Was tun, wenn die Dachse meinen Rasen umgraben?**

Das Graben gehört zum natürlichen Verhalten der Dachse. Gräbt er Löcher in den Rasen, ist er auf der Suche nach Regenwürmern und Insektenlarven. Das heißt, er frisst auch Engerlinge, die den Rasen schädigen können. Falls Sie die Tiere genauer beobachten möchten, können Sie eine Wildtierkamera aufstellen und Ihre Beobachtungen zum Beispiel auf einer Meldeplattform melden (mehr dazu im Kapitel «Spuren der heimlichen Nachbarn erkennen» und unter «Weiterführende Links»). Die allermeisten Probleme mit Dachsen beschränken sich auf kurze Zeitfenster nach der Winterruhe und nach dem Abwandern der Jungtiere. Dann sind die Dachse viel unterwegs und benötigen besonders viel Nahrung. Deshalb lohnt es sich, etwas Geduld zu haben, um zu sehen, ob das Problem tatsächlich anhält. Wenn man die Dachse trotzdem aus dem Garten vertreiben möchte, gibt es einige Maßnahmen, die man ergreifen kann (mehr dazu im Kapitel «Für ein gutes Miteinander» und im Kapitel «Wie kann ich Dachse aus meinem Garten fernhalten?»).

- **Was tun, wenn Dachse Abfallsäcke plündern?**

Dachse und Füchse haben eine gute Nase und riechen Essensreste im Abfallsack oft schon von Weitem. Stellen Sie deshalb die Abfallsäcke möglichst erst am Tag der Abholung vors Haus oder sorgen Sie dafür, dass diese in einem Abfallcontainer deponiert werden können.

- **Können Dachse für Menschen gefährlich werden?**

Dachse sind nicht aggressiv und greifen Menschen deshalb nicht an. Im Gegenteil: Sie halten von Natur aus Abstand zu Menschen. Es kann vorkommen, dass ein Dachs einen Menschen lange nicht bemerkt, wenn der Wind aus der falschen Richtung weht und der Dachs den Menschen deshalb nicht wittern kann. In diesen Fällen kann der Dachs dem Menschen sehr nahekommen. Allerdings flieht der Dachs schnell, sobald er den Menschen bemerkt.

- **Kann der Dachs Krankheiten oder Parasiten übertragen?**

Generell können alle Tiere Krankheiten und Parasiten untereinander und auf den Menschen übertragen. Die Wahrscheinlichkeit einer Übertragung vom Dachs auf den Menschen ist aber sehr gering. Dennoch sollten Sie Wildtiere und ihre Hinterlassenschaften nie ohne Handschuhe berühren und nach einem Kontakt empfiehlt es sich, sich die Hände zu waschen. (Mehr dazu im Kapitel «Vom Leben und Sterben»).

- **Was tun, wenn ich einen krank aussehenden oder verletzten Dachs finde?**

Tote oder kranke Dachse sollten nicht angefasst werden. Melden Sie diese Tiere der je nach Land der zuständigen Jagdbehörde, der Wildhut oder der Jägerschaft.

- **Soll ich Dachse füttern?**

Das Füttern von Wildtieren ist vielerorts von Gesetzes wegen verboten. Das hat gute Gründe, denn die Wildtiere können durch das Füttern ihre natürliche Scheu vor dem Menschen verlieren, was zu problematischen Situationen führen kann. Zudem steigt an Futterstellen die Gefahr von Krankheitsübertragungen zwischen den Tieren. Überdies ist eine artgerechte Fütterung anspruchsvoll und eine Fehlernährung kann das Tier krank machen. Als anpassungsfähige Allesfresser finden Dachse in unseren Siedlungsräumen zudem selbstständig genügend Nahrung (mehr dazu im Kapitel «Für ein gutes Miteinander»).

- **Stellt der Dachs für den Igel in meinem Garten eine Gefahr dar?**

Der Dachs ist ein natürlicher Fressfeind des Igels und es kann (muss aber nicht) vorkommen, dass Dachse Igel erbeuten und fressen. Ein naturnaher, vielfältig strukturierter Garten mit einem guten Bestand an Insekten, Regenwürmern und Obst kann helfen, das Nahrungsangebot für den Dachs attraktiv und vielfältig zu halten und senkt so die Wahrscheinlichkeit, dass die Dachse die Igel angreifen. Asthaufen und wilde Ecken können dem Igel bei Gefahr ein Versteck bieten. Weitere Tipps für einen naturnahen Garten, in dem sich Igel und Dachs gleichermaßen wohlfühlen, finden Sie im Kapitel «Ein dachsfreundlicher Garten».

Anhang

Danksagung

Wir, die Autorinnen, möchten uns bei allen bedanken, die uns bei der Entstehung dieses Buches unterstützt haben. Ein großer Dank geht an alle Mitarbeiter:innen der Arbeitsgemeinschaft SWILD für die zahlreichen Inputs während der anregenden Pausendiskussionen. Namentlich sind dies: Melanie Alder, Carmen Allemann, Markus Angst, Fabio Bontadina, Christèle Borgeaud, Peter Bruggmann, Carla Dietze, Lucretia Deplazes, Julia Felber, Sandra Gloor, Daniel Hegglin, Mirco Lauper, Franziska Lörcher, Mathujah Manikkan, Kathi Märki, Maajan Richter und Julia Schmid.

Wir danken unseren Familien, Partnern und Freunden für die fortwährende, hilfsbereite und liebevolle Unterstützung, die viel zum Gelingen dieses Buches beigetragen hat. Speziell danken wir Benjamin Jost, Lucia Geiger, Alfred Geiger, Rebecca Geiger, Markus Klauenbösch, Elias Bader, Karin Rauchenstein, Urs Rauchenstein, Nina Rauchenstein, Amedeo Baumgartner, Karin Kistler, Kevin Vega, Kieran Taucher, Joshua Taucher, Marlies Taucher und Richard Taucher.

Wir bedanken uns herzlich bei den Interviewpartner:innen für ihre Zeit und die spannenden Einblicke: Fabian Kern, Jost Schneider und Cornelia Hürzeler. Ein besonderes Dankeschön geht an Emmanuel Do Lin San für das Verfassen des Prologs.

Für die gute und sehr angenehme Zusammenarbeit und die Unterstützung bedanken wir uns beim gesamten Team vom Haupt Verlag in Bern und ganz speziell bei Martin Lind. Laura Dal Ben und Christoph Settele von pooldesign danken wir für die überzeugende grafische Realisierung dieses Buchprojekts.

Die Entstehung dieses Buches wurde finanziell ermöglicht durch die Unterstützung von:

Ernst Göhner Stiftung, Zug

EGS Ernst Göhner Stiftung

Grün Stadt Zürich, Zürich

Stadt Zürich
Grün Stadt Zürich

Ein solches Buch wäre nicht möglich ohne schöne Bilder von Dachsen. Wir danken allen Personen und Organisationen, die uns großzügig ihre schönen und spannenden Fotos und Abbildungen zur Verfügung gestellt haben.

Wir danken allen Freiwilligen, die sich über die letzten Jahre in Citizen Science-Projekten engagiert und Beobachtungen gemeldet und damit einen wichtigen Beitrag zur Erforschung des Dachses und anderer Wildtiere geleistet haben.

Weiterführende Literatur

Mehr zum Dachs

- Graf, Roland F. & Fischer, Claude (Hrsg.). 2021. Atlas der Säugetiere: Schweiz und Liechtenstein. Schweizerische Gesellschaft für Wildtierbiologie SGW. Haupt Verlag, Bern.
  Artporträts aller Säugetierarten der Schweiz und Liechtensteins mit aktuellen Verbreitungskarten; erhältlich in Deutsch, Französisch und Italienisch.

- Do Linh San, Emmanuel. 2010. Der Dachs. Wildbiologie Einzelhefte.
  Ausführliches Artporträt zum Dachs.

- Macdonald, David & Newman Chris. 2022. The Badgers of Wytham Woods: a model for behaviour, ecology, and evolution. Oxford University Press, Oxford.
  Ausführliche wissenschaftliche Abhandlung der Langzeituntersuchung der Dachse in Wytham Woods, Oxford (UK) in englischer Sprache.

- Clark, Michael. 2017. Badgers. The British Natural History Collection, Vol. 6. Whittet Books Ltd, Stansted.
  Reich illustriertes, populärwissenschaftliches Sachbuch zu Dachsen in englischer Sprache.

- Lowen James. 2016. Badgers. RSPB Spotlight. Bloomsbury Publishing, London.
  Artporträt zu Dachsen in englischer Sprache.

- Taucher Anouk-Lisa & Geiger Madeleine. 2020. Dachse in den Fußstapfen der Stadtfüchse. Fauna Focus Einzelhefte Nr. 58.
  Ausführliche Beschreibung der Studie zu den Schweizer Dachsen im Siedlungsgebiet.

Mehr zu Wildtieren in Siedlungsräumen

- Ineichen, Stefan; Ruckstuhl, Max & Klausnitzer Bernhard. 2012. Stadtfauna: 600 Tierarten unserer Städte. Haupt Verlag, Bern.
- Kegel, Bernard. 2014. Tiere in der Stadt. Dumont, Köln.
- Reichholf, Josef H. 2007. Stadtnatur: Eine neue Heimat für Tiere und Pflanzen. Oekom. München.
- Gehrt, Stanley; Riley, Seth & Cypher, Brian. 2010. Urban carnivores: ecology, conflict, and conservation. The Johns Hopkins University Press, Baltimore.

- Voigt, Christian C. 2023. Evidenzbasiertes Wildtiermanagement. Springer Spektrum Berlin, Heidelberg.

Mehr zum naturnahen Gärtnern

- Bross-Burkhardt, Brunhilde. 2015. Lob des Unkrauts. Wilde Pflanzen in Garten und Stadt – nützlich und schön. Haupt Verlag, Bern.
- Griebl, Norbert. 2015. Naturnah gärtnern: Die 140 wertvollsten Pflanzen für den Naturgarten. Haupt Verlag, Bern.
- Klaus, Gregor & Gattlen, Nicolas. 2016. Natur schaffen. Ein praktischer Ratgeber zur Förderung der Biodiversität in der Schweiz. Haupt Verlag, Bern.
- Nentwig, Wolfgang. 2011. Unheimliche Eroberer – Invasive Pflanzen und Tiere in Europa. Haupt Verlag, Bern.
- Thomas, Adrian. 2013. Gärtnern für Tiere. Haupt Verlag, Bern.
- Tschäppeler, Sabine und Tschäppeler, Sabine 2024. Praxishandbuch Stadtnatur – Biodiversität fördern im Schweizer Siedlungsraum. Haupt Verlag, Bern.

Plattformen zum Melden von Wildtierbeobachtungen

Es gibt verschiedene Meldeplattformen, auf denen Beobachtungen von Wildtieren gemeldet werden können. Sie haben zum Teil verschiedene Zwecke, Funktionsweisen, Ausrichtungen und Angebote.

- **Wilde Nachbarn** – Meldeplattform für Wildtierbeobachtungen aus ländlichen Regionen in Deutschland, Österreich und der Schweiz: wildenachbarn.de, wildenachbarn.at, wildenachbarn.ch
- **StadtWildTiere** – Meldeplattform für Wildtierbeobachtungen aus städtischen Gebieten in Deutschland, Österreich und der Schweiz: stadtwildtiere de, stadtwildtiere.at, stadtwildtiere.ch
- **Ornitho** – Meldeplattform vor allem für Vogelbeobachtungen, aber auch für andere Wildtiere in Europa: ornitho.de, ornitho.at, ornitho.ch
- **Naturgucker** – Meldeplattform für Wildtiere und Pflanzen vorwiegend in Deutschland: naturgucker.de
- **iNaturalist** – Weltweite Meldeplattform für Wildtiere und Pflanzen: inaturalist.org

Literaturverzeichnis

Abramov AV, Puzachenko AY. 2013. The taxonomic status of badgers (Mammalia, Mustelidae) from Southwest Asia based on cranial morphometrics, with the redescription of *Meles canescens*. Zootaxa 3681(1): 044-058.

Balestrieri A, Cardarelli E, Pandini M, Remonti L, Saino N, Prigioni C. 2016. Spatial organisation of European badger (*Meles meles*) in northern Italy as assessed by camera-trapping. European Journal of Wildlife Research 62: 219–226.

Banck-Burgess J. 2023. Die organischen Reste im Kontext der Bronzeliege aus dem früheisenzeitlichen Grab von Eberdingen-Hochdorf, *in* Biel J, Keefer E (Hrsg.): Hochdorf X: Das bronzene Sitzmöbel aus dem Fürstengrab von Eberdingen-Hochdorf (Kr. Ludwigsburg), Heidelberg. Propylaeum (Forschungen und Berichte zur Archäologie in Baden-Württemberg) Band 20: 111–123.

Ballenger L, Sygo M, Patsy V. 2009. *Gulo gulo*. Animal Diversity Web. Aufgerufen am 2. Januar 2026.

Baumann M, Muggli J, Thiel D, Thiel-Egenter C, Thürig M, Volery P, Widmer PA, Wirthner S, Zimmermann U. 2019. Jagen in der Schweiz: Auf dem Weg zur Jagdprüfung. JFK Jagd- und Fischereiverwalterkonferenz JFK-CSF-CCP, hep-Verlag, Bern.

Burgin CJ, Colella JP, Kahn PL, Upham NS. 2018. How many species of mammals are there? Journal of Mammalogy 99(1): 1–14.

Byrne AW. 2014. Estimating badger social-group abundance in the Republic of Ireland using cross-validated species distribution modelling. Ecological Indicators 43: 94–102.

Capalleras X, Budó J, Villardell A, Pfau B. 2013. *Testudo hermanni hermanni* in the Albera Mountains, Catalonia, Northern Iberian Peninsula. Radiata 22, 4–34.

Carter SP, Delahay RJ, Smith GC, Macdonald DW, Riordan P, Etherington TR, Pimley ER, Walker NJ, Cheesman CL. 2007. Culling-induced social perturbation in Eurasian badgers *Meles meles* and the management of TB in cattle: an analysis of a critical problem in applied ecology. Proceedings of the Royal Society B 274: 2769–2777.

Charlton BD, Newman, C, Macdonald, DW, Buesching CD. 2020. Male European badger churrs: insights into call function and motivational basis. Mamm Biol 100: 429–438.

Cheeseman CL, Cresswell WJ, Harris S, Mallinson PJ. 1988. Comparison of dispersal and other movements in two Badger (*Meles meles*) populations. Mammal Review 18: 51–59.

Cheeseman CL, Wilesmith JW, Stuart FA. 1989. Tuberculosis: the disease and its epidemiology in the badger, a review. Epidemiology and Infection 103: 113–25.

Clark M. 2017. Badgers. The British Natural History Collection, Vol. 6. Whittet Books Ltd, Stansted.

Clarke GP, White PCL, Harris S. 1998. Effects of roads on badger *Meles meles* populations in south-west England. Biological Conservation 86: 117–124.

Coombes MA, Viles HA. 2015. Population-level zoogeomorphology: the case of the Eurasian badger (*Meles meles* L.). Physical Geography 36 (3): 215–238.

Cresswell P, Harris S, Bunce RGH, Jefferies DJ. 1989. The badger (*Meles meles*) in Britain: present status and future population changes. Biological Journal of the Linnean Society 38: 91–101.

Da Silva J, Macdonald DW, Evans PGH. 1994. Net costs of group living in a solitary forager, the Eurasian badger (*Meles meles*). Behavioral Ecology 5: 151–158.

Davison J, Huck M, Delahay RJ, Roper TJ. 2008. Urban badger setts: characteristics, patterns of use and management implications. Journal of Zoology 275: 190–200.

Davison J, Huck M, Delahay RJ., Roper TJ. 2009. Restricted ranging behaviour in a high-density population of urban badgers. Journal of Zoology 277: 45–53.

Diserens TA. 2021. Fossoriality in a risky landscape: badger sett use varies with perceived wolf risk. Journal of Zoology 313.1: 76–85.

Doherty TS, Ritchie EG. 2017. Stop jumping the gun: a Call for evidence-based invasive predator management. Conservation Letters 10 (1): 15–22.

Do Linh San E. 2002. Biology and ecology of the badger *Meles meles* (Mustelidae, Carnivora) in the Broye region (Switzerland): Preliminary results. Bulletin de la Societe Vaudoise des Sciences Naturelles 88 : 77–119.

Do Linh San E. 2007. Ectoparasite infestations of Badgers (*Meles meles*) in Western Switzerland. Wildlife Biology in Practice 3: 52–59.

Do Linh San E, Ferrari N, Weber JM. 2007. Spatio-temporal ecology and density of badgers *Meles meles* in the Swiss Jura Mountains. European Journal of Wildlife Research 53: 265–275.

Do Linh San E, Ferrari N, Fischer C, Weber J-M. 2011. Ecology of European badgers (*Meles meles*) in rural areas of western Switzerland, *in* M. Rosalino M, Gheler-Costa C (Hrsg.): Middle-sized carnivores in agricultural landscapes. Nova Science Publishers, Hauppauge: 83–104.

Do Linh San E. 2010. Der Dachs. Wildbiologie Einzelhefte.

Doncaster CP, Woodroffe R. 1993. Den site can determine shape and size of badger territories: implications for group-living. Oikos 66: 88–93.

Dugdale HL, Griffiths A, Macdonald DW. 2011. Polygynandrous and repeated mounting behaviour in European badgers, *Meles meles*. Animal Behaviour 82 (6): 1287–1297.

Elliott S, O'Brien J, Hayden TJ. 2015. Impact of human land use patterns and climatic variables on badger (*Meles meles*) foraging behaviour in Ireland. Mammal Research 60: 331–342.

Faggi A, Bartolini-Lucenti S, Madurell-Malapeira J, Abramov AV, Puzachenko AY, Jiangzuo, Peiran L, Rook L. 2024. Quaternary Eurasian badgers: Intraspecific variability and species validity. Journal of Mammalian Evolution 31(3).

Fischer C, Dunant F. 2016. 3D topography and structure analysis of three badger setts from Western Switzerland. Wildlife Biology in Practioce 12(3): 26–35.

Fischer C, Ferrari N, Weber J-M. 2005. Exploitation of food resources by badgers (*Meles meles*) in the Swiss Jura Mountains. Journal of Zoology 266: 121–131.

Frantz AC, McDevitt AD, Pope LC, Kochan J, Davison J, Clements CF. et al

Frantz AC, McDevitt AD, Pope LC, Kochan J, Davison J, Clements CF, Elmeros M, Molina-Vacas G, Ruiz-Gonzalez A, Balestrieri A, Van Den Berge K, Breyne P, Do Linh San E, Ågren EO, Suchentrunk F, Schley L, Kowalczyk R, Kostka BI, Ćirović D, Šprem N, Colyn M, Ghirardi M, Racheva V, Braun C, Oliveira R, Lanszki J, Stubbe A, Stubbe M, Stier N, Burke T. 2014. Revisiting the phylogeography and demography of European badgers (*Meles meles*) based on broad sampling, multiple markers and simulations. Heredity 113: 443–453

Geiger M, Taucher AL, Gloor S, Hegglin D, Bontadina F. 2018. In the footsteps of city foxes: evidence for a rise of urban badger populations in Switzerland. Hystrix 29(2): 236–238.

Gern L, Sell K. 2008. Isolation of *Borrelia burgdorferi* sensu lato from the skin of the European badger (*Meles meles*) in Switzerland. Vector-Borne and Zoonotic Diseases 9: 207–208.

Gloor S, Bontadina F, Hegglin D, Deplazes P, Breitenmoser U. 2001. The rise of urban fox populations in Switzerland. Mammalian Biolpgy 66: 155–164.

Griffiths HI, Thomas DH. 1993. The status of the badger *Meles meles* (L., 1758) (Carnivora, Mustelidae) in Europe. Mammal Review 23.1: 17–58.

Ham C, Donnelly CA, Astley KL, Jackson SYB, Woodroffe R. 2019. Effect of culling on individual badger *Meles meles* behaviour: potential implications for bovine tuberculosis transmission. Journal of Applied Ecology: 2390–2399.

Hancox M. 1980. Parasites and infectious diseases of the Eurasian badger (*Meles meles* L.): a review. Mammal Review 10, 151–162.

Hancox M. 1988. The nidicolous fauna of badger setts. Entomologist's Monthly Magazine 124: 93–95.

Harris S. 1984. Ecology of urban badgers *Meles meles* – Distribution in Britain and habitat selection, persecution, food and damage in the City of Bristol. Biological Conservation 28(4): 349–375.

Hoffmann-Krayer E, Bächthold-Stäubli H. 1987. Handwörterbuch des deutschen Aberglaubens. Walter de Gruyter, Berlin, New York.

Hofmann T. 1965. Untersuchungen zur Ökologie des Europäischen Dachses (*Meles meles*, L. 1758) im Hakelwald (nordöstliches Harzvorland). Dissertation, Martin-Luther-Universität Halle-Wittenberg.

Jiguet F. 2020. The fox and the crow. A need to update pest control atrategies. Biological Conservation 248: 108693.

Kelly DJ, Gaughran A, Mullen E, MacWhite T, Maher P, Good M, Marples NM. 2020. Extra Territorial Excursions by European badgers are not limited by age, sex or season. Science Reports 10(1): 9665.

Kenzler M, Laesch C, Börner A, Küster M. 2022. The late Weichselian to Holocene vertebrate burrow system of Pisede (NE-Germany) – New insights from OSL datings. Conference: INQUA Peribaltic Working Group.

Kinoshita E, Abramov AV, Soloviev VA, Saveljev AP, Nishitam Y, Kaneko, Y, Masuda R. 2018. Hybridization between the European and Asian badgers (*Meles*, Carnivora) in the Volga-Kama region, revealed by analyses of maternally, paternally and biparentally inherited genes. Mammalian Biology 94: 140–148.

Kistler C, Gloor S, Hegglin D, Bontadina F. 2023. Das Management des Fuchses sollte auf wissenschaftlichen Grundlagen anstatt auf Annahmen basieren *in* Voigt CC (Hrsg.): Evidenzbasiertes Wildtiermanagement. Springer, Berlin, Heidelberg: 257–272.

Kowalczyk R, Jedrzejewska B, Zalewski A. 2003. Annual and circadian activity patterns of badgers (*Meles meles*) in Białowieża Primeval Forest Eastern Poland) compared with other Palaearctic populations. Journal of Biogeography 30(3): 463–472.

Kowalczyk R, Zalewski A, Jędrzejewska B. 2004. Seasonal and spatial pattern of shelter use by badgers *Meles meles* in Białowieża Primeval Forest (Poland). Acta Theriologica 49: 75–92.

Kurek P, Cykowska-Marzencka B. 2016. Badger *Meles meles* setts and bryophyte diversity: A newly found role for the game animal in European temperate forests. Forest Ecology and Management 372: 199–205.

Kurek P. 2022. Badger *Meles meles* as ecosystem engineer and its legal status in Europe. Animals 12.7: 898.

Kurek P, Wiatrowska B, Ważna A, Vink H. 2024. Setts of European badger *Meles meles* in open habitats: trend or exception? Mammal Review 55 (2): e12373.

Labhardt F. 1996. Der Rotfuchs. Naturgeschichte, Ökologie und Verhalten dieses erstaunlichen Jagdwildes. Verlag Paul Parey, Hamburg.

Law CJ, Slater GJ, Mehta RS. 2018. Lineage diversity and size disparity in Musteloidea: testing patterns of adaptive radiation using molecular and fossil-based methods. Systematic Biology 67(1): 127–44.

Lebourgeois F. 2021. Long-term monitoring of activities of badgers (Meles meles L.) in a broadleaved forest in France. Eurpean Journal of Wildlife Research 67: 8

Lee KA, Uzal A, Gentle LK, Baker PJ, Delahay RJ, Sévêque A, Davis RS, Yarnell RW. 2025. Does differential habitat selection facilitate coexistence between badgers and hedgehogs? Ecology and Evolution 15: e70744.

Leuzinger U. 2000. Die Jungsteinzeitliche Seeufersiedlung Arbon, Bleiche 3: Befunde; Archäologie im Thurgau; Departement für Erziehung und Kultur des Kantons Thurgau: Frauenfeld.

Lowen J. 2016. Badgers. RSPB Spotlight. Bloomsbury Publishing, London.

Lüps P, Kuhn-Klein C. 1983. Der Dachs. Naturhistorisches Museum der Burgergemeinde Bern.

Lüps P, Roper TJ, Stocker G. 1987. Stomach contents of badgers (*Meles meles* L.) in central Switzerland. Mammalia 51: 559–570.

Lüps P, Wandeler AI. 1993. *Meles meles* (Linnaeus, 1758) – Dachs, *in* Niethammer J, Krapp F (Hrsg.): Säugetiere Europas – Band 3/II – Raubtiere. AULA-Verlag, Wiesbaden: 856–906.

Macdonald D, Newman C. 2022. The Badgers of Wytham Woods: a model for behaviour, ecology, and evolution. Oxford University Press, Oxford.

Macdonald D, Bueshing CD, Stopka P, Baker SE. 2004. Encounters between two sympatric carnivores: Red foxes (*Vulpes vulpes*) and European badgers (*Meles meles*). Journal of Zoology 263: 385–392.

MacDonald RA, Delahay RJ, Carter SP, Smith GC, Cheeseman CL. 2008. Perturbing implications of wildlife ecology for disease control. Trends in Ecology & Evolution 23 (2): 53–56.

Maurel D, Boissin J. 1983. Seasonal rhythms of locomotor activity and thyroid function in male badgers (*Meles meles*). Journal of Interdisciplinary Cycle Research 14: 285–303.

Mitzka W. 1967. Kluge – Etymologisches Wörterbuch der Deutschen Sprache. 20. Auflage, Walter de Gruyter, Berlin.

Mori E, Menchetti M, Balestrieri A. 2015. Interspecific den sharing: a study on European badger setts using camera traps. acta ethologica 18: 121–126.

Mysłajek RW, Nowak S, Rożen A, Jędrzejewska B. 2012. Factors shaping population density, demography and spatial organization of the Eurasian badger *Meles meles* in mountains – the Western Carpathians (Southern Poland) as a case study. Animal Biology 62: 479–492.

Newman, C., Buesching, C.D. 2024. European Badger *Meles meles* (Linnaeus, 1758). In: Hackländer, K., Zachos, F.E. (eds) Handbook of the Mammals of Europe. Handbook of the Mammals of Europe. Springer, Cham.

Nolan A, Wilesmith J.W. 1994. Tuberculosis in badgers (*Meles meles*). Veterinary Microbiology 40: 179–191.

Ohdachi SD, Ishibashi Y, Iwasa MA, Saitoh T, Sellers SB. 2015. The wild mammals of Japan. Shoukadoh Book Sellers, Kyoto.

Pope LC, Butlin RK, Wilson GJ, Woodroffe R, Erven K, Conyers CM, Franklin T, Delahay RJ, Cheeseman CL, Burke T. 2007. Genetic evidence that culling increases badger movement: Implications for the spread of bovine tuberculosis. Molecular Ecology 16: 4919–4929.

Proulx G, Abramov AV, Adams I, Jennings AP, Khorozyan I, Rosalino LM, Santos-Reis M, Veron G, Do Linh San E. 2016. World distribution and status of badgers — a review, *in* Proulx G, Do Linh San E (Hrsg.): Badgers: systematics, biology, conservation and research techniques. Alpha Wildlife Publications, Sherwood Park: 31–116.

Revilla E, Palomares F, Fernández N. 2001. Characteristics, location and selection of diurnal resting dens by Eurasian badgers (*Meles meles*) in a low density area. Journal of Zoology. 255(3): 291–299.

Robin K, Graf R, Schnidrig-Petrig R. 2022. Wildtiermanagement: Eine Einführung; Haupt Verlag, Bern.

Rogers LM, Delahay R, Cheeseman CL, Langton S, Smith GC, Clifton-Hadley RS. 1998. Movement of badgers (*Meles meles*) in a high-density population: individual, population and disease effects. Proceedings of the Royal Society B 265: 1269–1276.

Roper TJ. 1992. Badger *Meles meles* setts – architecture, internal environment and function. Mammal Review 22: 43–53.

Roper TJ. 2010. Badger. Collins New Naturalist Library. Harpercollins Pub Ltd.

Sadlier LMJ, Webbon CC, Baker PJ, Harris S. 2004. Methods of monitoring red foxes *Vulpes vulpes* and badgers *Meles meles*: are field signs the answer? Mammal Review 34: 75–98.

Sato JJ. 2016. The systematics and taxonomy of the world's badger species – a review, *in* Proulx G, Do Linh San E (Hrsg.): Badgers: systematics, biology, conservation and research techniques. Alpha Wildlife Publications, Sherwood Park: 1–30.

Speich C, Iff U. ohne Datum. Wie Dominik Dachs wirklich lebt. Zürcher Tierschutz, Zürich, ASM, 10.99.

Graf RF, Fischer C (Hrsg.). 2021. Atlas der Säugetiere: Schweiz und Liechtenstein. Schweizerische Gesellschaft für Wildtierbiologie SGW. Haupt Verlag, Bern.

Stewart PD, Bonesi L, Macdonald DW. 1999. Individual differences in den maintenance effort in a communally dwelling mammal: the Eurasian badger. Animal Behaviour 57.1: 153–161.

Torretta, E., Tortini, A., Meriggi, A. (2024). Ecological Adjustments and Behavioural Patterns of the European Badger in North-Western Italy. Diversity, 16(10), 607.

Trewby ID, Young R, McDonald RA, Wilson GJ, Davison J, Walker N, Robertson A, Doncaster CP, Delahay RJ. 2014. Impacts of removing badgers on localised counts of hedgehogs. PLoS One *9*(4): e95477.

Valenciano A, Baskin JA, Abella J, Pérez-Ramos A, Álvarez-Sierra MÁ, Morales J, Hartstone-Rose A. 2016. *Megalictis*, the bone-crushing giant mustelid (Carnivora, Mustelidae, Oligobuninae) from the Early Miocene of North America. PLoS One 11(4): e0152430.

Van Apeldoorn RC, Vink J, Matyáštík T. 2006. Dynamics of a local badger (*Meles meles*) population in the Netherlands over the years 1983–2001. Mammalian Biology 71(1): 25–38.

Westheide W, Rieger G (Hrsg.). 2010. Spezielle Zoologie. Teil 2: Wirbel- oder Schädeltiere. Springer, Berlin, Heidelberg.

Wilson GJ, Frantz AC, Pope LC, Roper TJ, Burke TA, Cheeseman CL. Delahay RJ. 2003. Estimation of badger (*Meles meles*) abundance using faecal DNA typing. Journal of Applied Ecology 40(4): 658–666.

Wong J, Stewart PD, Macdonald DW. 1999. Vocal Repertoire in the European Badger (*Meles meles*): Structure, Context, and Function, Journal of Mammalogy, 80 (2): 570–588

Zabala J, Zuberogoitia I. 2003. Badger, *Meles meles* (Mustelidae, Carnivora), diet assessed through scat-analysis: a comparison and critique of different methods. Folia Zoologica – Praha 52.1: 23–30.

Bildnachweis

S. 9: Hans Althaus/wildenachbarn.ch; S. 12: Irene Sieber/irensieber.com; S. 14: Wikicommons, Bernard Landgraf, CC BY-SA 3.0; S. 15 oben links: Andreas Schoellhorn/stadtwildtiere ch; S. 15 oben rechts: Carlo Monigatti/wildenachbarn.ch: S. 15 unten: Wikicommons, Zefram, CC BY-SA 3.0; S. 20 oben links: Wikicommons, Nzrst1jx, CC BY-SA 3.0; S. 20 oben rechts: Wikicommons, Rushenb, CC BY-SA 4.; S. 20 Mitte links: Wikicommons, Yathin S Krishnappa, CC BY-SA 3.0; S. 20 Mitte rechts: Derek Keats from Johannesburg, South Africa, CC BY 2.0; S. 20 unten links: Wikicommons, Nikolai Usik CC BY-SA 3.0; S. 20 unten rechts: Wikicommons, Thompson Hyggen, CC BY-SA 3.0; S. 22: Jan Furler/wildenachbarn.ch; S. 24 oben: Sandra Schweizer/wildenachbarn.ch; S. 24 Mitte: Wikicommons, Darkne CC BY-SA 3.0; S. 24 unten: Wikicommons, Doktor Rukinogi CC BY-SA 3.0; S. 25 oben: Wikicommons, Salix CC BY-SA 3.0; S. 25 unten: Naturmuseum TG/wildenachbarn.ch; S. 26; Petra Friemel/wildenachbarn.ch; S. 27 (beide): Madeleine Geiger/naturmuseumsg.ch; S. 30: Stefan Wassmer / stadtwildtiere.ch; S. 31: Jost Schneider; S 32 oben: Lisa Häfliger/stadtwildtiere.ch; S. 32 unten: Hans Zuppiger/wildenachbarn.ch; S. 33: Hans Althaus/wildenachbarn.ch; S. 36 oben: Hans Zuppiger/wildenachbarn.ch; S. 36 unten: Jost Schneider; S. 38 oben: Jost Schneider; S. 38 Mitte: Marco Vogel/wildenachbarn.ch; S. 38 unten: Jost Schneider; S. 40: Denis Magnin, Meilen/wildennachbarn.ch; S. 43 oben: Fisch4102/wildenachbarn.ch; S. 43 Mitte: Daniela Krummenacher/stadtwildtiere.ch; S. 43 unten: Timia Sanchez/stadtwildtiere; S. 44–45: Gregor Schaad/gregorschaad.photo; S. 46: Clemens Hohl/wildenachbarn.ch; S. 48: Claudia Kistler/swild.ch; S. 50–51: Jon King/wildenachbarn.ch; S. 52: Beatrice Schranz/stadtwildtiere.ch; S. 53: Hans Althaus/wildenachbarn.ch; S. 55 oben: Claudia Kistler/swild.ch; S. 55 unten: Jon King/wildenachbarn.ch; S. 56 (alle) Anouk Taucher/stadtwildtiere.ch; S. 58: Claudia Kistler/swild.ch; S. 59: Jost Schneider; S. 64: Fabio Bontadina/swild.ch; S. 66: Sandra Schweizer; 69: Conrad Gessner, gemeinfrei; S. 71: Carl Friedrich Deiker, gemeinfrei; S. 74: Swild; S. 78: SCNAT/Forum Biodiversität; S. 80–81: Roman Willi/www.romanwilli.com; S. 82: Marco Vogel/wildenachbarn.ch; S. 84: Sven Ebert/stadtwildtiere.ch; S. 86: Pascale Contesse/wildenachbarn.ch; S. 87: Swild; S. 88: Linda Stewart/stadtwildtiere.ch; S. 91: Lukas Wassmann (www.lukaswassmann.com) S. 92: Paul Hobson/Nature Picture Library; S. 93: Robert Gasser/stadtwildtiere.ch; S. 94: Andreas Schöllhorn; S. 96: Seth Jackson; S. 99: Emmanuel Do Linh San; S. 100: BSG Ecology; S. 101: Thomas Egli; S. 103 oben: Sandra Gloor/stadtwildtiere.ch; S. 103 unten: stadtwildtiere.ch; S. 104: Andreas Schöllhorn; S. 105: Manuel Saavedra/wildenachbarn.ch; S. 107: Swild; S. 108: Sandra Schweizer; S. 111: Yvonne Liechti/wildenachbarn.ch; S. 112: Eddie Pattiselanno/stadtwildtiere.ch; S. 113 oben: Claudia Kistler/swild.ch; S. 113 unten: Lisa Wirthner/wildenachbarn.ch; S. 114: Saskia Jenny/stadtwildtiere.ch; S. 115 (beide): Patrick Portmann/wildenachbarn.ch; S. 116: wildenachbarn.ch; S. 117 oben: Katja Rauchenstein/stadtwildtiere.ch; S. 117 unten: Annegret Schnider/wildenachbarn.ch; S. 118 oben: Wikicommons, Ivan Medenica, CC BY-SA 4.0; S. 118 unten: Wikicommons, Juan Lacruz, CC BY-SA 3.0; S. 120: Madeleine Geiger/swild.ch; S. 121 oben: Philipp Romanin/stadtwildtiere.ch; S. 121 unten: Saskia Jenny/stadtwildtiere.ch; S. 122: Madeleine Geiger/swild.ch; S. 123: Giuseppina Togni/wildtiere.ch; S. 125: Claudia Kistler/swild.ch; S. 129: Rahel Imboden/stadtwildtiere.ch S. 130 oben: SolAire/Stadtwildtiere.ch; S. 130 unten: Tobias Reinhard/stadtwildiere.ch; S. 31: Max Ruckstuhl/stadtwildtiere.ch; S. 134–135: Sandra Gloor/stadtwildtiere.ch; S. 136: Franziska Lörcher/stadtwildtiere.ch; S. 138: Cornelia Hürzeler/stadtwildtiere.ch; S. 139: Cornelia Hürzeler/stadtwildtiere.ch; S. 141: Cornelia Hürzeler; S. 142: Sandra Schweizer; S. 144: Hans Althaus/wildenachbarn.ch; S. 149: Walter Rüeggsegger/wildenachbarn.ch; S. 150: Andreas Schöllhorn

Sachregister

Anouk-Lisa Taucher, Madeleine Geiger

Der Igel – Nachbar und Wildtier

Das Artporträt mit Ratgeber für den Igelschutz

2021. 240 Seiten, 200 Abbildungen, Softcover
ISBN: 978-3-258-08194-6

Igel sind äußerst beliebt: Jedes Kind weiß, wie ein Igel aussieht. Sie leben in unserer unmittelbaren Nachbarschaft und können leicht in der Abenddämmerung beobachtet werden. Doch was wissen wir wirklich über diesen stacheligen Nachbarn, der nachts auf unseren Wiesen nach Käfern, Würmern und Schnecken sucht? Wussten Sie, dass Igel ein ausgesprochen gutes Ortsgedächtnis haben und sich damit im Labyrinth des Siedlungsraums sehr gut zurechtfinden? Wussten Sie, dass Igel näher mit den Walen verwandt sind als mit anderen stacheligen Tieren? Oder wussten Sie, dass die Igelpopulationen in vielen europäischen Ländern aktuell rückläufig sind?

Ergänzt mit vielen Bildern, gibt dieses Buch einen Einblick in die Verwandtschaft des Igels, stellt seine Biologie und Ökologie vor und entführt Sie in das nächtliche Treiben in unseren Vorgärten. Zahlreiche Tipps und aktuelle Erkenntnisse aus der Igelforschung in Deutschland, Österreich und der Schweiz zeigen auf, wie Sie Ihre unmittelbare Umgebung igelfreundlicher gestalten und Gefahren für diesen kleinen Fußgänger minimieren können.

Daniela Derron-Hilfiker, Jennifer Hatlauf,
Felix Böcker

Der Goldschakal

Ein Wildtier breitet sich in Europa aus

2025, 192 Seiten, 160 Fotos, Grafiken und Tabellen, 2 Karten
ISBN: 978-3-258-08415-2

Von der Öffentlichkeit mehrheitlich unbemerkt, breitet sich der Goldschakal seit einigen Jahrzehnten in Europa aus. Was sind die Gründe dafür, dass dieser Beutegreifer - kleiner als der Wolf, aber größer als der Fuchs - sich in Deutschland, Österreich und der Schweiz neue Lebensräume erschließt? Welche ökologische Nische kann er besetzen und welche Veränderungen bewirkt seine Präsenz in den heimischen Ökosystemen? Vor welche Herausforderungen stellt der Goldschakal unsere wirtschaftlichen Aktivitäten, beispielsweise im Herdenschutz? Dieses hochaktuelle Buch fasst den Kenntnisstand über den Goldschakal in Europa zusammen und zeigt unterschiedliche Maßnahmen zum konstruktiven Zusammenleben mit dieser neuen Tierart auf.

1. Auflage: 2026

ISBN 978-3-258-08438-1

Umschlag, Gestaltung und Satz: pooldesign.ch
Umschlagsbilder: vorne: Gregor Schaad/gregorschaad.photo; hinten: Klaus Echle/naturepl.com

Wir drucken mit mineralölfreien Farben und verwenden FSC®-zertifiziertes Papier. FSC® sichert die Nutzung der Wälder gemäß sozialen, ökonomischen und ökologischen Kriterien.

Gedruckt in Lettland

FSC www.fsc.org MIX Fördert gute Waldnutzung FSC® C106236

Diese Publikation ist in der Deutschen Nationalbibliografie verzeichnet. Mehr Informationen dazu finden Sie unter http://dnb.dnb.de.

Der Haupt Verlag wird vom Bundesamt für Kultur für die Jahre 2026–2028 unterstützt.

© Shutterstock, Huza

Wir verlegen mit Freude und großem Engagement unsere Bücher. Daher freuen wir uns immer über Anregungen zum Programm und schätzen Hinweise auf Fehler im Buch, sollten uns welche unterlaufen sein.

Haupt Verlag AG
Falkenplatz 14
CH-3012 Bern
herstellung@haupt.ch
www.haupt.ch

Verantwortlich in der EU (GPSR):
Brockhaus Kommissionsgeschäft GmbH
Kreidlerstr. 9
DE-70806 Kornwestheim
haupt@brocom.de